KB170016

PASTA MASTER CLASS

파스타 마스터 클래스

백지혜
지음

김보령
사진

'체리코 레시피'의 매일 먹고 싶은 사계절 홈파스타

PASTA MASTER CLASS

파스타 마스터 클래스

세미콜론

GARDEN FRESH
granoro
Laziza
Hunts
Hunts
FINN CRISP
MUSTARD POWDER
DE CECCO
LugliO
YBARRA

PROLOGUE

나에겐 오래전부터 몸에 밴 고질적인 버릇이 있다. 바로 손가락 관절 꺾기.
자랑할 만한 것은 아니지만 아버지를 보고 따라하게 되었다.
어렸을 땐 둘째 오빠와 서로 경쟁이라도 하듯 매일 신나게 해댔는데, 덕분에
우리 남매는 손만 봐도 혈육인 것을 알아챌 수 있을 정도다.
다 자라선 관절 마디가 울퉁불퉁한 손이 부끄러워 사람들 앞에서 손을 감추는
것이 자연스러운 일상이 되었다. 다행인지 불행인지 튀어나온 관절이 어색하지
않게 나의 손은 유전적으로 넓고 길쭉하다.
요리를 시작하면서 내 손을 사진으로 접할 기회가 점점 늘어간다. 시간이
갈수록 요리하는 내 손을 멋있다고 말해 주는 이들이 생겨났고, 오랜 시간 동안
콤플렉스였던 크고 굵은 손마디도 맛있는 요리를 만드는 데 기여하고 있다고
생각하면 그럭저럭 괜찮아졌다.

내 요리 인생의 첫 단추는 2007년에 끼워졌다. 일산에서 '카페 제리코'를 3년간
운영했을 때, 내가 먹으려고 만든 스태프밀을 단골손님들이 보고 메뉴에 넣어
달라 요청한 것이 그 시작이다.
수년 후 내 식당을 제대로 오픈하기 전엔, 친구가 운영하는 누하동의 바
바르셀로나Barcelona(현재는 망원동으로 이전)에서 가게가 쉬는 날마다 팝업 키친을
열었다. 그때의 소중한 경험이 바탕이 되어 지금까지 요리를 업으로 삼고
있으니, 친구에게 두고두고 감사할 일이다.
현재 쿠킹 클래스에서는 세계요리를 테마로 다양한 수업이 진행되고 있다.
늘 여행을 계획하고, 돌아와서는 몸에 자연스럽게 흡수된 영감을 바탕으로 다음
요리의 아이디어를 얻기에. 요리는 사람과 도시를 각각 다른 개성으로 반영한다.
나는 도시를 유랑하며 음식을 탐닉하는 일을 멈추지 않을 것이다.

『파스타 마스터 클래스』는 쿠킹 클래스에서 그간 가장 많은 호응을 이끌었던
파스타 특강을 책으로 묶은 것이다.
대중적이고 기본적인 파스타부터 나 혼자만 알기엔 아까운 창작 레시피까지
다채롭게 담았다. 요리하는 이가 사계절의 묘미를 느낄 수 있도록 제철 재료를
아낌없이 활용해서 구성했다.

먼저 머릿속에만 있던 레시피들을 정리해 책으로 출간할 수 있도록 기회를 준 세미콜론 출판사에 감사의 마음을 전한다.
그리고 우리 엄마 김정하 여사. 엄마는 늘 훌륭한 요리사였고 음식 간 하나는 끝내주게 잘 맞추셨는데, 나에게도 그런 재능이 있다면 엄마로부터 물려받은 것이라 생각한다.
내가 쿠킹 클래스를 시작할 수 있도록 용기를 준 동갑내기 동네 친구이자 동명이인인 백지혜 화백에게도 감사함을 전한다. 그녀의 오픈하우스 파티를 위해 준비한 음식을 맛본 손님들을 대상으로 요리 수업을 시작하게 되었다.
지금까지 내 수업에 와 준 많은 수강생들에게도 특별히 고마움을 전한다.
나에게 요리를 배우러 오지만, 나 역시 그들을 통해서 많은 것들을 얻고 있다.
함께 조리를 하고 다 같이 둘러앉아 기분 좋게 음식을 나누는 행위를 통해 작업의 성과부터 앞으로의 방향성을 배운다.

나의 제안을 기쁘게 수용했다가 마지막 작업까지 고생한 이 책의 포토그래퍼 김보령에게도 감사의 마음을 전하고 싶다. 매번 촬영이 끝나고 나면, 김보령은 내 식당의 유일한 손님이 되어 늘 맛있게 접시를 비워 줬다.
지금 이 프롤로그는 원고 작업을 위해 무수히 드나들었던 망원동 레스토랑 퍼스pers라는 공간에서 마무리하고 있다. 원고 마감을 하기에 이보다 더 좋은 공간은 없었다.
마지막으로, 너무나 사랑하는 나의 이모 김애자 씨에게 이 책을 선물하고 싶다.
대책 없이 무모하지만, 나중에 후회해도 일단 시도해 보는 나의 기질은 이모를 쏙 빼닮았다. 뭐가 급해서 그렇게 세상을 빨리 등졌는지 원망스럽지만, 나중에 만나더라도 이모는 나를 자랑스럽게 여길 것이다. 살면서 언제나 내 편이었던 것처럼.

하루하루를 때아닌 바이러스 공포에 시달리며 모두가 힘겹게 살아 내고 있는 요즘이다.
『파스타 마스터 클래스』를 통해 독자들에게 전하고 싶은 것을 하나로 추린다면, 조리하는 시간은 최대한 짧게, 먹을 땐 여유롭게!
주방이 결코 여자들만의 전유물로 남지 않고, 머무르는 매 순간 에너지를 빼앗기는 공간이 되지 않기를 바란다.

나를 잘 먹이고 스스로를 다독이는 것으로 시작한 일인데, 어느새 식탁에 함께 나누는 접시가 하나씩 늘어나는 것은 자연스럽고도 고무적인 변화가 아닐까?
곧 그런 평범한 일상을 회복하게 되기를 바란다. 즐거움을 누리는 데 있어 혼자여도 좋지만, 여럿이 나눈다면 그 에너지는 배가 되니 말이다.

2020년 봄

백지혜

LASAGNE

CONTENTS

SUMMER PASTA

CHAPTER. 2

여름의 파스타

AUTUMN PASTA

CHAPTER. 3

가을의 파스타

WINTER PASTA

CHAPTER. 4

겨울의 파스타

- 이 책의 계량은 1큰술 기준 액체류는 10ml, 가루류는 15g입니다.
  일반 가정에서도 편하게 계량할 수 있도록 밥숟가락을 기준으로 하였으며,
  정확한 계량보다는 입맛과 취향에 따라 간을 보며 자유롭게 추가하길 바랍니다.

- 이 책에 소개된 모든 레시피는 1인분 기준입니다. 라구소스나 페스토의 경우는
  한 번에 2~3인분을 만들게 되므로 따로 표기하였습니다.

- 소스나 가니시용 오일, 치즈는 간을 보며 입맛에 따라 조절하여 넣으세요.

- 파스타를 삶는 방법은 28~30p를 참고하세요.

PASTA FRIENDS

CHAPTER. 0

파스타 프렌즈

4
3
4
2
4
2
4
8
1
7
7
6
5
11
9
12
11
11
10

01

TOOLS
도구

갖추고 있으면 조리 시간이 더욱 즐거워지는 도구들만 추렸다. 비단 파스타뿐만 아니라 어떤 요리를 할 때에도 유용할 것이니 하나쯤 구비해 두길 추천한다.

1. 볼

삶은 파스타를 면수와 분리할 때나 재료에서 물기를 제거할 때 받치는 용도로 사용한다. 파스타를 미리 건져 올리브유와 함께 섞거나, 소스를 바로 파스타에 버무리는 콜드 파스타에 반드시 필요하다. 다양한 사이즈의 볼을 3~4개 정도 구비해 두길 추천한다.

2. 파스타 집게

팬이나 볼에 재료와 소스, 파스타를 넣고 골고루 섞거나, 완성된 파스타를 접시에 옮겨 담을 때 유용하다. 종류로는 플라스틱 집게와 실리콘 집게, 스테인리스 집게가 있다. 스테인리스 집게는 팬에 스크래치를 낼 수 있고, 파스타가 쉽게 끊어질 수 있으니 조심한다. 반드시 전문가용 도구를 살 필요는 없다. 접시에 옮겨 담을 경우 긴 나무젓가락으로 대체할 수 있다.

3. 뇨키 보드

뇨키 반죽에 스프링 같은 모양을 내 소스가 골고루 묻을 수 있게 한다. 없다면 포크로 살짝 눌러 모양을 낸다.

4. 치즈 그레이터 레몬 제스트

파르미지아노 레지아노 같은 딱딱한 치즈를 눈꽃처럼 잘게 갈아 사용할 때 쓴다. 치즈뿐만 아니라 레몬의 껍질을 가는 제스터로, 콜드 파스타에 들어가는 마늘, 생강 같은 채소들도 고운 입자로 갈기 편하다. 다양한 브랜드의 치즈 그레이터 중 한 손에 쉽게 잡히는 것을 고르자. 세척도 편리하고 손을 다칠 위험도 줄어든다. 옥소OXO, 마이크로플레인Microplane, 질리스Zyliss, 트라이앵글Triangle 등의 브랜드를 추천하며, 요즘은 귀여운 사이즈의 미니 그레이터도 있다.

5. 계량컵

면수를 미리 담아 둘 때, 블렌더로 페스토를 만들 때, 눈금으로 재료의 정확한 양을 재고자 할 때, 잘게 다진 소스 재료들을 섞을 때 요긴하게 쓰인다. 파이렉스Pyrex, 앵커 호킹Anchor Hocking 같은 브랜드의 유리 계량컵을 사용하며, 플라스틱의 경우 쉽게 변색되고 무게감이 없어 사용하기 불편해 추천하지 않는다.

6. 계량스푼

액체의 경우 찰랑찰랑하게 담기는 정도로 측정하고, 가루의 경우 가득 담고 윗부분을 평평하게 깎아 낸 모양으로 측정한다. 일반 밥숟가락으로 대체한다면 소스나 가루는 오차 범위가 크지 않으나 액체의 경우엔 4~5ml 정도의 차이가 있으니 참고하자.

7. 세척용 솔

조개류나 감자, 당근, 생강 같은 흙이 묻은 재료들의 껍질을 세척할 때뿐만 아니라 도마나 팬 바닥을 세척할 때에도 다용도로 쓰이는 세척용 솔이다. 크기가 작아서 주방에 비치하기 수월하다. 표백제는 따로 사용하지 않으며 흐르는 물에 솔로만 문질러도 충분하다. 조개 세척용 솔로 검색하면 된다.

8. 파스타 냄비

파스타가 완전히 잠길 수 있는 넓고 깊은 팬이나 웍, 중간 사이즈의 냄비를 사용하길 권한다. 파스타 1~2인분을 위해 파스타 전용 냄비를 구비할 필요는 없다. 시중에 나와 있는 파스타 전용 냄비는 폭이 좁고 긴 형태인데 열효율로 본다면 일반 냄비를 더 추천한다.

9. 팬

주로 1인분을 조리하는 이 책의 레시피는 일반 스테인리스나 코팅 팬 기준 지름 18~24cm를 넘지 않는 사이즈가 적절하다. 너무 큰 팬을 사용하면 열을 뺏기기 쉽고, 마늘 같은 간단한 재료를 볶을 때에도 쉽게 타 버린다.
또한 라구 파스타처럼 익힌 면에 바로 섞는 레시피가 아니라면 3인분 이상의 파스타를 한꺼번에 조리하는 것을 추천하지 않는다. 파스타의 적절한 익힘 정도가 맛을 좌우하는데, 제아무리 파스타 선수라도 대용량을 조리하면 일정한 맛을 유지하기 힘들다.

10. 체

파스타를 면수와 분리할 때, 재료에서 물기를 제거할 때 사용한다.

11. 주걱

납작한 모양, 소스를 담을 수 있는 오목한 모양 등 다양한 모양과 재질이 있다. 실리콘 주걱과 나무 주걱을 주로 사용한다. 실리콘 주걱이 가장 빛을 발할 때는 팬에 남아 있는 소스를 남김없이 접시에 옮겨 담을 때다. 재료의 손실도 막고, 재료를 볶을 때 열에 닿아 녹을 걱정도 없고, 팬이 손상되지 않으니 쓰기 편하다. 나무 주걱은 냄비에서 소스를 바닥까지 힘 있게 저을 때나 팬에서 재료를 볶을 때, 테이블 서빙 용도로도 두루 쓰인다.

12. 서빙 스푼

완성된 파스타를 접시에 담을 때 한쪽 손에는 서빙 스푼을, 다른 쪽 손에는 집게를 쥐면 예쁜 모양 그대로 손쉽게 소스까지 옮길 수 있다. 숏 파스타에도 서빙 스푼을 함께 내면 앞접시에 덜어 먹을 때 소스까지 골고루 담을 수 있으니 꼭 구입하자.

02

PASTA NOODLES

파스타 면

이 책에는 16종의 파스타 면이 등장한다. 전부 마트나 온라인에서 쉽게 구입할 수 있다. 아무리 종류가 다양해도 우리는 결국 익숙한 것을 습관적으로 찾게 된다. 하지만 옷에도 TPO가 있듯, 메인 재료와 소스에 맞춰 파스타를 자유자재로 활용하는 재미를 느껴 보자. 묵직한 소스의 파스타라면 소스가 잘 묻어나는 구멍이 뚫린 파스타나 면이 넓은 파스타를 선택하고, 한여름에 꼬들꼬들하면서도 호로록 넘어가는 가벼운 식감이 필요할 때는 엔젤헤어나 스파게티니를, 샐러드 파스타를 만든다면 접시에 덜기 편한 숏 파스타를 시도해 보자. 레시피에 표기한 모든 파스타는 메인 재료와 소스 양에 맞춰 가장 적절한 분량으로 소개했다. 파스타의 양을 늘릴 경우, 소스의 양도 함께 늘려 조리하도록 하자.

1. **스파게티 Spaghetti**
가장 기본적이고 대중적으로 많이 사용하는 너비 0.2cm 정도의 롱 파스타. 토마토, 크림, 오일 등 어떤 소스와도 두루 잘 어울린다.

2. **링귀네 Linguine**
스파게티를 납작하게 누른 형태의 너비 0.4cm 정도의 롱 파스타. 면적이 너무 넓지 않아 각종 소스를 잘 흡수하고, 특히 페스토나 해산물과 잘 어울린다.

3. **스파게티니 Spaghettini**
스파게티와 같은 모양이나 너비가 0.15cm 정도로 더 얇다.

4. **페투치네 Fettuccine**
꾸덕꾸덕한 크림이나 미트 소스와 잘 어울리는 납작한 롱 파스타. 너비 0.6cm 정도라 소스가 묻어나기 좋다.

5. **파르팔레 Farfalle**
나비넥타이 모양의 귀여운 파스타. 이탈리아어로 나비를 의미하는 farfalla에서 따온 이름이다. 다양한 크기와 색깔이 있으며 샐러드 파스타와 잘 어울린다.

6. **푸실리**
Fusilli

꼬불꼬불 꽈배기 모양이 특징인 숏 파스타. 대중적으로도 잘 알려져 있으며 가운데에 구멍이 뚫린 숏 파스타인 펜네 면처럼 다양하게 쓰인다.

7. **카사레체**
Casarecce

양쪽이 살짝 말린 모양의 길이 5cm 정도의 쫄깃한 식감을 자랑하는 숏 파스타. 샐러드 파스타부터 페스토, 국물류와도 무난하게 잘 어울린다.

8. **제멜리**
Gemelli

짧은 파스타 두 개가 나선형으로 함께 꼬아진 모양이다. 꼬들꼬들함이 특징이며 페스토와 궁합이 좋다.

9. **엔젤헤어**
Angel Hair

얇은 파스타의 대표적인 한 종류로 실타래처럼 한 덩이씩 뭉쳐져 있기도 하다. 가벼운 식감으로 여름철 파스타에 적합하다.

10. **카펠리니**
Capellini

엔젤헤어와 비슷하나 살짝 더 굵고 잘 불지 않는 특징이 있다. 쫄깃하고 가벼운 식감으로 여름철 콜드 파스타나 오일 베이스의 파스타로 추천한다.

11. **파파르델레**
Pappardelle

너비 3cm 정도의 아주 넓고 납작한 파스타. 토마토소스나 크림 베이스와 궁합이 좋다.

12. **콘킬리에**
Conchiglie

조개 모양의 숏 파스타로 면에 줄무늬가 있고, 안으로 말린 모양이라 각종 소스류나 페스토와 잘 어울린다.

13. **부카티니**
Bucatini

스파게티면보다 두껍고, 빨대처럼 가운데에 구멍이 뚫려 있어 소스가 잘 배는 특징이 있다. 미트소스처럼 진한 맛에 특히 잘 어울린다.

14. **탈리아텔레**
Tagliatelle

칼국수처럼 길고 납작한 너비 0.7cm 정도의 롱 파스타. 라구소스와 환상의 궁합이며 진하고 자극적인 소스와 잘 어울린다.

15. **트리폴리네**
Tripoline

납작한 롱 파스타이며 한쪽 방향에만 레이스처럼 구불구불한 모양이 특징이다. 면의 굴곡이 치즈류나 각종 소스를 잘 흡수한다.

16. **뇨키**
Gnocchi

삶은 감자, 치즈, 밀가루, 달걀 등으로 반죽해 만든 이탈리아식 수제비이다. 만두나 수제비와 비슷한 모양이나 쫄깃하지 않고 부드러운 식감이 특징이다. 반죽에 치즈나 허브 등의 다양한 재료를 섞어 만들기도 하고 오일 베이스부터 토마토나 크림소스까지 자유롭게 조리가 가능하다.

파스타뿐만 아니라 거의 모든 양식 요리에 빠지지 않고 사용되는 허브는 고유의 향과 쓰임이 다양하다. 제대로 알고 쓰면 한 끗 차이로 요리의 맛을 좌우하는 소중한 재료다. 요리 마지막에 첨가하면 시각적 완성도를 높여 주므로 가니시로도 적극 활용해 보자. 말린 허브는 향이 강하게 농축되어 있으므로 소량만 사용한다.

03

HERBS
허브

1. 바질
토마토를 주재료로 하는 이탈리아 요리에 전반적으로 쓰이는 허브. 보관이 유독 짧은 단점이 있으나 소량만으로도 엄청난 존재감을 뽐낸다. 한여름 시원한 얼음물에 띄워 먹어도 그 향이 무척 진하게 느껴진다. 토마토 베이스의 포모도로 소스를 만들 때 말린 바질을 넣어 뭉근하게 끓이거나, 생으로 잘게 다져서 레몬, 올리브유와 함께 콜드 파스타에 활용한다.
제철인 봄과 여름엔 페스토를 만들어 파스타 소스는 물론 샐러드 드레싱, 샌드위치에 스프레드로 발라 먹는다.

2. 타임
타임은 로즈메리처럼 요리에 힘을 더할 때 요긴하다. 타임 소량만을 다져 넣어 드레싱으로도 쓸 만큼 특유의 진하고 시원한 향이 특징이다. 뭉근하게 끓이는 토마토 베이스의 소스에 월계수잎처럼 넣어 쓰기도 한다.

3. 시소
페스토로 만들어 엔젤헤어와 함께 감칠맛 나는 콜드 파스타를 만들거나, 돌돌 말아 잘게 썰어 고등어 파스타에 올리면 좋은 가니시가 된다.

4. 루콜라
피자 위에 올리는 재료로 우리에게 무척 익숙하다. 토핑 외에도 여러 요리에 다양하게 쓰일 수 있다. 생으로 샐러드에 넣거나, 해산물이나 안초비 파스타와도 궁합이 좋다. 잎이 열무처럼 너무 크면 억세고 매운맛도 강하기 때문에 주의해서 구입한다. 신품종인 와일드 루콜라는 너비가 좁고 끝이 길쭉하며, 크기가 작지만 일반 루콜라에 비해 향이 강한 것이 특징이다. 토마토와 모차렐라 치즈를 곁들여 콜드 파스타를 만들거나 페스토로 활용 가능하다.

5. 로즈메리
로즈메리의 달고 강한 향은 단순히 육류의 잡내를 잡는 용도 외에도 쓰임이 많다. 올리브유, 마늘과 함께 약불에서 뭉근하게 익혀 식전빵에 찍어 먹거나 풍미가 필요한 다양한 요리에 곁들인다.

6. 애플민트
꽃집에서도 손쉽게 구입 가능한 것이 장점인 허브. 잎만 떼어 잘게 썬 후 샐러드 드레싱으로 활용하기 좋다. 초코민트, 스피아민트, 페퍼민트 등으로 대체 가능한데, 애플민트보다 향이 훨씬 강하므로 양을 잘 조절해서 쓰도록 하자.

7. 이탈리안 파슬리
이 책에서 가장 많이 사용한 허브로, 서양 요리에 대중적으로 많이 쓰인다. 잎은 다져서 파스타 마무리에, 향이 강한 줄기는 다져서 재료를 볶을 때 함께 사용하므로 손질 시 줄기를 절대 버리지 말자. 샐러드 드레싱을 만들거나 육수를 끓일 때에도 넣어 다양하게 활용 가능하다.

8. 세이지
다소 생소한 이름이나 제법 강한 맛과 톡 쏘는 향이 있어 서양 요리에 자주 등장한다. 생선 요리나 고기가 들어가는 파스타에 자유롭게 활용이 가능하다. 올리브유를 베이스로 한 파스타라면 불을 끈 뒤 넣고 잔열로 익혀 그대로 내면 향이 무척 근사하다.

9. 딜
딜은 묵직한 향에서부터 그 단맛이 느껴질 만큼 강력한 향을 발산한다. 생선 비린내 제거에도 탁월하고, 화이트 와인과도 궁합이 잘 맞아 해산물 파스타를 만들 때 적절하게 사용할 수 있다. 샐러드 드레싱이나 맑은 육수를 만들 때 마지막에 딜을 넣으면 향긋하고 풍미 넘치는 맛이 완성된다.

1
2
3
4
PrimulaVerde
Gorgonzola Dop
PICCANTE
ANGELO BARUFFALDI
PARMIGIANO REGGIANO
LATTERIA
MANTOVA
SOCIALE
GRANAROLO
GRANA PADANO
PECORINO ROMANO D.O.P.
Sepi
epoch
pure Greece
P.D.O. Feta Cheese
from fresh sheep & goat milk
NET WT. 200g (7OZ)
Latte
Alto Adige
Brimi
2
4
1
3

04

CHEESES
치즈

파스타에 빠질 수 없는 요소인 치즈. 간을 맞추는 역할뿐만 아니라 전체적인 밸런스를 잡는 아주 중요한 역할을 한다. 어떤 치즈를 쓰느냐에 따라서 맛이 좌우되는데, 수분 함량에 따라 크게 경질 치즈와 연질 치즈로 나뉜다. 아래는 이 책에서 주로 사용한 치즈들이며 이렇게만 구비해도 충분히 다양한 파스타를 만들 수 있다. 파스타 외에도 여러 가지 요리에 취향껏 토핑으로 활용해 보자.

1. 페타 치즈

모차렐라 치즈와 마찬가지로 비숙성 연질 치즈에 속한다. 콜드 파스타, 샐러드 파스타 종류와 무난하게 잘 어울리며 짭짤한 간이 되어 있어 소금 대신 사용해도 좋다. 라비올리 속 또는 뇨키 반죽에 넣거나 마무리 단계에 함께 내면 좋다.

2. 고르곤졸라 치즈

소량만 써도 묵직한 향이 강하게 올라오는 블루치즈 특성상, 크림소스 베이스의 파스타 마무리 단계에 약간 넣어 풍미를 끌어올릴 수 있다.

3. 모차렐라 치즈

수분 함량이 80%로 매우 높고 비숙성 연질 치즈에 속하여 유효기간이 짧다는 단점이 있지만, 신선한 치즈가 어울리는 파스타는 무한하다. 카프레제 샐러드부터 콜드 파스타 마무리에 토핑으로 올리거나, 따뜻하게 내는 토마토 파스타에도 허브와 함께 장식해서 낼 수 있다.

4. 파르미지아노 레지아노 치즈
그라나 파다노 치즈
페코리노 치즈

수분 함량이 30~40%로 낮아 숙성 기간이 2~36개월에 이르는 경질 치즈를 대표하는 파르미지아노 레지아노, 그라나 파다노, 페코리노 치즈는 파스타 간을 맞출 때 소금 대신 사용한다. 사용하는 양에 따라 파스타의 감칠맛과 풍미도 높일 수 있는 매우 중요한 재료이며 치즈 그레이터로 갈아서 사용한다.
파스타가 완성된 후 가니시에 활용하는 것은 물론, 크림소스나 토마토소스, 오일 베이스뿐만 아니라 페스토를 만들 때도 빠지지 않고 등장하므로 하나쯤 구입해 두길 추천한다.

파스타 맛을 결정하는 한 끗 차이는 이 기타 재료들에서 결정된다고 해도 과언이 아니다. 최고급을 쓴다고 다 좋은 것도 아니니, 각 재료별 파스타를 만드는 최상의 조건들을 경험에 미루어 소개하고자 한다.

05

INGREDIENTS
기타 재료

1. 올리브유

파스타를 조리할 때 대부분은 올리브유를 사용했으며, 레시피에 올리브유라고 따로 표기하지 않은 것은 포도씨유나 들기름, 참기름 등을 별도로 적었다.
간혹 올리브유를 과하게 사용해 수분은 부족한데 파스타 면은 거의 말라 있고, 느끼함만 남은 경험을 해 보았을 것이다. 주재료에 따라 고유한 맛과 향을 해치지 않는 적절한 오일의 선택이 필요하다.
파스타 마무리 단계에서는 조금 비싸더라도 맛있는 압착 올리브유로 향미를 더한다. 압착 올리브유는 조리 마무리 단계의 가니시로, 때론 샐러드 파스타의 히어로로, 또는 빵에 곁들이는 것으로 양보하고, 조리 시에는 부담이 덜 되는 적정가의 올리브유를 사용해 보자.

2. 선드라이드 토마토

선드라이드 토마토, 세미 드라이드 토마토 등은 토마토가 건조된 상태에 따라 구분한다. 완전히 건조한 선드라이드 토마토는 말린 곶감보다 더 단단하며 압축된 향이 느껴지고, 반건조 후 올리브유에 담겨져 나오는 형태의 세미 드라이드 토마토도 특유의 단맛과 짠맛을 함께 함유하고 있어 다양한 요리에 풍미를 보탠다. 쫄깃쫄깃한 식감은 덤이다. 콜드 파스타뿐만 아니라 토마토소스, 페스토를 사용한 파스타에도 두루두루 넣어 보자.

3. 파프리카 가루

구운 파프리카 가루는 적은 양으로도 풍미를 이끌어 내는 대표적인 향신료다. 스튜를 끓이거나 로제 파스타를 마무리할 때 살짝 넣기도 하고, 다양한 샐러드의 가니시로도 사용이 가능하다. 카이엔 페퍼에 비해 매운맛은 상대적으로 약하지만, 소량만 넣어도 발색이 강한 것이 특징이다.

4. 페퍼론치노

페퍼론치노는 알리오 올리오나 마늘 기름에 익힌 새우와 빵을 함께 내는 감바스의 주재료로 익히 알려져 있다. 페퍼론치노는 베트남 고추에 비해 매운맛이 짧게 스치는 편인데, 오일 베이스에 조리할 때는 마늘을 익힌 후에 넣어야 타지 않는다. 손으로 잘게 부숴 넣으면 매운맛이 한층 강해지고, 통으로 넣으면 알싸한 향을 입히기에 좋으니 참고하자. 단맛과 짠맛이 공존하는 파스타에 넣어 적절한 밸런스를 맞추는 요소가 된다.

5. 올리브, 케이퍼

올리브와 케이퍼는 잘게 다져 토마토소스에 넣고 뭉근하게 끓일 때 사용한다. 샐러드 파스타에도 빠지지 않고 들어가는 재료다. 슴슴한 양념에는 포인트가 될 수도 있고, 파스타의 부재료로도 적극 활용할 수 있다.

6. 피시소스

감칠맛을 돋우고 싶을 때 연두처럼 옵션으로 쓰기 좋다. 특히 간장을 넣는 파스타에 살짝 추가하면 맛에 깊이를 더한다. 고등어와 굴 등의 해산물을 주재료로 쓴 파스타에도 잘 어울린다.

7. 화이트와인

생선과 해산물, 오일 베이스의 파스타 등에 기본으로 사용하는 화이트와인. 일반적으로 라구소스를 끓일 때에는 주저 없이 레드와인을 집어 드는데, 화이트와인 또한 특유의 상큼함으로 전체적인 맛의 밸런스를 가볍고 부드럽게 잡아 준다. 물론 겨울에 만들어 먹는 묵직한 맛의 스튜나 라구소스를 끓일 때 레드와인을 선택하는 것은 당연히 자유다.

8. 안초비

멸치의 뼈를 제거해 염장한 뒤 오일에 재워 둔 안초비는 액젓에 익숙한 한국인의 입맛에도 안성맞춤이다. 일단 뚜껑을 열면 그때부터 산패가 시작되므로 작은 양을 구입해 그때그때 신선한 것으로 쓰길 추천한다. 냉장고에 둔 오래된 안초비라면 약한 불에서 살짝 익혀 누린내를 한번 날린 뒤 사용해 보자.
안초비는 루콜라와 같은 허브류와 봄나물, 토마토와도 궁합이 좋아 다소 궁색한 냉장고의 재료만으로도 훌륭한 파스타를 만들어 낸다. 오늘 개봉한 안초비라면 이 기회를 놓치지 말고 마늘, 양파와 함께 잘게 다진 뒤 레몬즙을 듬뿍 넣고 섞어 샐러드 드레싱으로 활용해 보자.

9. 레몬

상큼한 맛을 더하는 레몬즙 외에도 치즈 그레이터에 갈아 만드는 레몬 제스트로 사용한다. 너무 많이 넣으면 아예 사용하지 않는 것보다 못하니 적절하게 사용하자. 레몬을 세척할 때는 소금이나 베이킹소다를 겉면에 문질러 닦거나 식초물에 5분간 담가 둔다.

10. 버터

해산물을 주재료로 하는 파스타라면 화이트와인, 버터, 허브, 레몬 이 네 가지 재료의 조합을 항상 강조한다. 크림 파스타도 버터와의 궁합이 좋아 빠지지 않고 넣는데, 버터는 열에 약해 주재료가 쉽게 타기 때문에 과정 초반에 단독으로 사용하기보다 최대한 약한 불에서 조리하거나 오일과 섞어서 사용하길 권한다. 버터의 고소한 풍미를 최상으로 이끌어 내고 싶을 때는 조리 중후반에 추가적으로 넣어 준다.

11. 화이트와인 비네거

화이트와인 비네거, 샴페인 비네거, 셰리 비네거, 발사믹 비네거, 애플사이더 비네거 등 다양한 식초를 이용해 샐러드 드레싱과 콜드 파스타에 소스로 사용할 수 있다. 각각의 비네거마다 단맛의 함량도 조금씩 다르기 때문에 간을 맞추면서 사용한다.

12. 견과류

페스토 파스타에 함께 쓰면 어울린다. 좋아하는 견과류를 골라 파스타에 넣어 보자. 팬에서 기름 없이 구운 뒤 페스토를 만들 때 함께 넣거나, 칼로 잘게 다져서 완성된 파스타에 가니시로 사용하기 좋다.

12

06

JERICHO'S TIPS

알아 두면 좋은 팁

면수의 적절한 사용과 파스타의 익힘 정도에 따라 파스타의 맛이 좌우된다! 정말 사소하지만, 생각보다 많이 물어 보는 부분들에 대한 답변을 정리했다. 일단 많이 만들어 보면, 자연스레 내가 좋아하는 맛을 찾아가게 되니 실패를 두려워하지 말고 이것저것 자주 따라 해 보자.

Q1 면수의 간은 어떻게 맞추나요?

끓는 물에 간을 한 뒤 면을 넣고 익혀 녹말 성분이 녹아든 물을 면수라 한다. 파스타의 기본 팁 중 가장 첫 번째로 거론할 만큼 면수는 중요하다.

파스타를 삶을 때 물과 소금의 양을 자로 재듯 맞출 필요는 없지만 대략 파스타 100g당 10g의 소금이 적당하다. 파스타가 완전히 잠기고 남을 만큼 여유 있게 물을 담고, 밥숟가락으로 1큰술 가득 소금으로 간을 하자. 맛을 봤을 때 육개장과 간이 비슷하다면 적절하게 맞춘 것이다. 이윽고 물이 팔팔 끓으면 그때 파스타를 넣는다.

조리할 때도 가급적 면을 하나 집어 먹어 보고 면의 상태와 간을 확인하자. 이때 파스타에 간이 잘 배지 않은 상태라면 소스에 간을 더하게 되고, 결국 파스타와 소스가 따로 놀게 된다. 따라서 반드시 파스타를 삶는 단계에서 소금으로 간을 하자.

면을 삶을 때 엉키지 않도록 올리브유를 몇 방울 넣기도 하는데, 개인적으로는 젓가락이나 파스타 집게로 휘저어 섞는 것만으로도 충분하다고 생각한다. 이 방법이 소스를 면에 더욱 밀착시키게 한다.

Q2 면수를 제대로 활용하고 싶어요.

파스타를 다 삶은 뒤에는 반 컵 분량의 면수를 따로 덜어 둔다.
팬에서 파스타를 조리할 때 면과 미리 덜어 둔 면수를 함께 넣고, 손목의 스냅을 이용해 수분을 날려 가며 팬과 면을 마찰시켜 토스팅을 해 준다. '만테카레mantecare'라고 불리는 이 중요한 과정을 거치고 나면, 면의 전분기와 소스가 골고루 잘 밀착되어 최상의 맛을 이끌어 낼 수 있다.
면수는 파스타를 너무 빨리 건져 냈을 경우에도 요긴하게 쓰인다. 이때 급한 마음에 올리브유를 들이붓는 경우가 종종 있는데, 면수를 활용해 약한 불로 파스타 마무리 단계에서 약 1분간 더 조리하면 파스타 면을 적절하게 익힐 수 있다. 단, 면수에도 간이 되어 있으므로 양을 잘 조절해 가며 사용하자. 오일 베이스의 파스타에 비해 소스가 많은 크림, 토마토소스 파스타인 경우 면수를 사용하지 않기도 하니 이 점은 참고할 것.

Q3 파스타는 몇 분간 삶아야 하나요?

파스타는 브랜드별로 미세하게 굵기가 다르기 때문에, '스파게티=7~8분'이라는 공식은 머릿속에서 지워 버리자. 파스타 봉지 겉면에는 대부분 알 덴테Al dante(심이 살아 있는 정도의 익힘)와 완전히 익힌 정도의 시간이 별도로 표기되어 있다. 만약 완벽한 타이밍으로 면을 삶는 것에 자신이 없다면, 이제 뒤에 나올 레시피에 빠짐없이 들어가는 이 문장을 주문처럼 외워 보자.

"소금으로 간한 끓는 물에 파스타를 넣어 삶는다. 포장지에 적힌 시간보다 2분 먼저 건져 내 볼에 담고 올리브유 2큰술을 뿌려 골고루 섞어 둔다."

이것만 잘 지킨다면 파스타 초보에게는 2인분 이상 조리 시 웬만해선 파스타를 오버쿡overcook(과하게 삶아진 상태)하지 않을 무기가 될 것이다. 파스타는 건져 낸 이후에도 잔열에 의해 계속 익고 있다는 것을 잊지 말자. 2분 먼저 건졌어도 팬에 다시 넣어 소스와 섞는 단계에서는 이미 거의 익은 상태이기 때문에 팬에서는 2분을 더 조리하는 것이 아니라 짧게 조리해 파스타의 씹는 맛과 탱탱함을 잘 살려 주도록 하자. 라구 파스타처럼 소스를 바로 섞으면 끝나는 레시피가 아니라면 대부분 팬에 추가로 볶아 조리하기 때문에, 파스타의 삶는 정도를 잘 맞추는 것이 곧 파스타 고수가 되는 첫걸음이라 할 수 있겠다.

Q4 파스타에 들어가는 마늘은 편으로 썰어야 하나요, 다져야 하나요?

거의 모든 레시피에 들어가는 마늘을 어떻게 손질해야 할지 헷갈리는 분들에게 드리는 팁이다.
마늘을 편으로 썰 경우 일정하게 마늘을 익힐 수 있는 장점이 있는 반면, 칼로 눌러 다질 경우에는 소량만으로도 강한 향을 낼 수 있으나 크기가 균일하지 않아 태우기 쉽다는 단점이 있다. 시판용 다진 마늘은 수분이 너무 많고 생마늘을 바로 썬 것에 비해 향이 약하다.
개인적으로는 편으로 썬 것보다 다진 마늘을 더 선호하는데, 약한 불에서 은근하게 익히면 태우지 않고도 마늘의 향을 충분히 낼 수 있고, 소스와도 잘 섞이기 때문이다.

SPRING PASTA

CHAPTER. 1

봄의 파스타

1

SPAGHETTI AGLIO E OLIO WITH SPRING GREENS

봄나물 알리오 올리오 스파게티

PASTA TYPE

INGREDIENT

스파게티 100g
방풍나물 30g
참나물 30g
간 그라나 파다노 치즈 3큰술
페퍼론치노 4~5개
마늘 2~3쪽
올리브유 3~4큰술
면수 1국자(55ml)
면수용 소금 1큰술
소금 약간
후추 약간

↳ 나물은 둘 중 하나만 골라 크게 한 줌 준비해도 좋다.

PREP

1 소금으로 간한 끓는 물에 스파게티를 넣고 삶는다. 포장지에 적힌 시간보다 2분 먼저 건져 내 볼에 담고 올리브유 2큰술을 뿌려 섞어 둔다.

2 마늘은 다지거나 편으로 썬다.

3 방풍나물과 참나물은 손질한 뒤 뿌리부터 줄기의 중간까지를 잘라 낸다. 참나물은 찬물에 여러 번 헹군 뒤 체에 밭쳐 물기를 제거한다. 참나물보다 질긴 방풍나물은 뜨거운 물에 넣어 30초간 데친 뒤 찬물에 헹구고 체에 밭쳐 물기를 제거한다.

TO COOK

1 달군 팬에 올리브유를 두르고 마늘을 넣어 약한 불에서 천천히 볶는다.

2 페페론치노가 타지 않도록 마늘과 시간차를 두고 잘게 부숴 넣는다. 알싸한 향만을 원한다면 통째로 넣었다가 파스타가 완성되면 건져 낸다.

3 스파게티와 면수를 넣은 뒤 소금, 후추를 뿌려 간하고 수분을 날려 가며 볶아 면에 간이 잘 배게 한다.

4 나물을 넣고 골고루 섞으며 볶다가 불을 끄고 그라나 파다노 치즈 2큰술가량을 갈아 넣은 뒤 잘 섞는다.

5 접시에 담고 여분의 치즈 1큰술과 올리브유 1큰술 정도를 골고루 뿌려 마무리한다.

올리브유에 마늘과 페퍼론치노로 향을 내어 만드는 오일 파스타의 기본, 알리오 올리오 스파게티.

간단한 재료만큼 만들기도 쉬울까? 나는 재료가 간단할수록 요리하는 이의 실력은 더 고스란히 드러난다고 대답하겠다.

재료가 단출하기에 면의 익힘 정도를 식별하기 쉽고, 오일만 들이부었는지 아니면 입안에서 착착 감기게 수분이 잘 조절되었는지 금방 알아차릴 수 있다는 의미이기도 하다.

평소 나물 없이 자주 해 먹는 알리오 올리오 파스타에는 레몬 제스트가 들어간다.

취향이지만 잘 구운 마늘과 페퍼론치노의 향을 입은 촉촉한 면에, 치즈는 생략하더라도 레몬으로 상큼함만은 꼭 더하고 싶다.

냉이, 취나물, 달래, 원추리, 쑥, 유채나물 등 씹을수록 쌉싸래하면서 저마다의 식감을 즐길 수 있는 봄의 풍성한 나물들을 파스타에 적극 활용해 보자. 조직이 단단하거나 질긴 나물이라면 살짝 데쳐 찬물에 헹군 뒤 물기를 제거해 조리하고, 열에 약해 향이 빨리 지는 쑥이나 냉이, 달래는 면을 넣을 때 함께 넣어 재빨리 볶는 것이 좋다.

2

LINGUINE VONGOLE WITH SHEPHERD'S PURSE

냉이 봉골레 링귀네

PASTA TYPE

INGREDIENT

링귀네 100g
바지락 400g
냉이 50g
간 그라나 파다노 치즈 3큰술
마늘 2쪽
페퍼론치노 2개
레몬 ¼개
화이트와인 100ml
올리브유 3~4큰술
버터 1큰술
면수 1국자(55ml)
면수용 소금 1큰술
소금 약간
후추 약간

PREP

1 소금으로 간한 끓는 물에 링귀네를 넣고 삶는다. 포장지에 적힌 시간보다 2분 먼저 건져 내 볼에 담고 올리브유 2큰술을 뿌려 섞어 둔다.

2 냉이 잔뿌리는 칼로 살살 긁어 없애고, 굵은 뿌리는 세로로 칼집을 낸다. 흐르는 물에 깨끗이 씻은 뒤 찬물에 2~3분간 담갔다가 체에 밭쳐 물기를 제거한다.

3 마늘은 다지거나 편으로 썬다.

[바지락 해감하기]

해감이 안 된 바지락을 구입했다면 바닷물과 같은 온도와 환경을 조성해 해감 시간을 절약할 수 있다. 볼에 바지락과 굵은 소금을 넣고 찬물을 담은 뒤 검은색 비닐로 덮어 냉장고에 1시간에서 반나절 두었다가 흐르는 물에 헹군다.

주재료가 조개류인 파스타를 만들 때는 해감이 가장 중요한데, 요즘엔 대부분 해감된 것을 팔고 있어 조리하기 훨씬 수월하다. 봉골레 파스타에 사용하는 조개류로는 모시조개, 백합, 동죽 등이 있지만 개인적으로는 깊은 풍미와 쫄깃한 식감 때문에 바지락을 애용하는 편이다.
냉이는 짧게 익혀 향을 충분히 즐길 수 있도록 하고, 조개는 오래 익히면 살이 질겨지니 입을 벌린 즉시 지체하지 말고 면을 넣어 잘 섞어 주자.

TO COOK

1 달군 팬에 올리브유를 두르고 마늘을 넣어 약한 불에서 천천히 볶는다.

2 페퍼론치노가 타지 않도록 마늘과 시간차를 두고 잘게 부숴 넣는다. 알싸한 향만을 원한다면 통째로 넣었다가 파스타가 완성되면 건져 낸다.

3 마늘이 다 익으면 버터와 바지락을 넣고 섞는다.

4 화이트와인을 부은 뒤 센 불에서 가볍게 알코올을 날리고 바지락이 완전히 입을 벌릴 때까지 뚜껑을 덮어 둔다.

5 뚜껑을 열어 냉이와 링귀네, 면수를 넣고 조개 육수가 면에 잘 흡수되도록 수분을 날려 가며 약 1분간 골고루 섞은 뒤 불을 끈다.

6 레몬을 짜 즙을 만들어 넣고 후추, 간 그라나 파다노 치즈 1큰술을 뿌린 뒤 잘 섞어 접시에 옮겨 담는다.

7 여분의 그라나 파다노 치즈 1큰술과 올리브유를 뿌린다. 레몬 ½ 분량의 껍질을 그레이터로 갈아 마무리한다.

3

LINGUINE CARBONARA
카르보나라 링귀네

PASTA TYPE

INGREDIENT

링귀네 100g
베이컨 4장
간 페코리노 치즈 4큰술
이탈리안 파슬리 10g
마늘 2~3쪽
달걀노른자 1개
올리브유 3큰술
면수 1국자(55ml)
면수용 소금 1큰술
소금 약간
후추 약간

PREP

1 소금으로 간한 끓는 물에 링귀네를 넣고 삶는다. 포장지에 적힌 시간보다 2분 먼저 건져 내 볼에 담고 올리브유 2큰술을 뿌려 섞어 둔다.

2 베이컨은 1cm 크기로 썬다.

3 마늘은 다지거나 편으로 썬다.

4 이탈리안 파슬리는 잘게 다진다.

5 볼에 간 페코리노 치즈 3큰술, 달걀노른자, 올리브유 1큰술, 면수 1큰술, 소금 1자밤, 후추 1자밤을 넣고 숟가락으로 골고루 섞어 소스를 만든다.

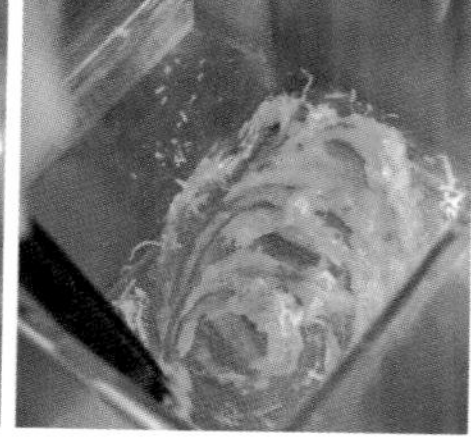

TO COOK

1 달군 팬에 베이컨을 넣고 중약불에서 바삭하게 굽는다.

2 팬 표면을 키친타월로 닦아 베이컨 기름을 일부 제거한 뒤 마늘을 넣어 약한 불에서 볶는다.

3 마늘이 다 익으면 링귀네와 면수, 이탈리안 파슬리, 후추를 넣고 베이컨 향이 면에 잘 배도록 골고루 섞으며 볶는다.

4 불을 끄고 소스 볼에 면을 옮겨 담은 뒤 한 손으로 볼을, 다른 쪽 손에는 파스타 집게를 쥐고 빠른 속도로 골고루 섞는다.

5 접시에 옮겨 담고 여분의 페코리노 치즈 1큰술과 이탈리안 파슬리, 후추를 뿌려 마무리한다.

일반적인 크림소스 파스타가 지겹다면 베이컨과 치즈, 계란노른자로 담백하고 고소하면서도 풍미를 끌어올린 이탈리아 정통 스타일의 카르보나라에 도전해 보는 것은 어떨까?
클래식 카르보나라의 핵심은 소스와 잘 익은 면을 골고루 섞어 주는 것이다. 팬에서 이 작업을 하면 잔열로 인해 달걀이 익거나 비린내가 날 수 있으니, 시간차를 두거나 볼에 따로 옮겨서 하길 권한다. 이때 소스가 지나치게 뻑뻑하다면 면수를 1큰술 더하면 된다.
정통 레시피에 들어가는 관찰레와 페코리노 치즈 대신에 적절하게 지방이 있는 베이컨과 그라노 파다노 치즈, 파르메산 치즈로도 얼마든지 가능하니 부담 없이 시도해 보자. 달걀의 고소함과 면의 촉촉함을 더하고 싶다면 달걀노른자 2개 분량을 사용해도 무방하다.

4

SPAGHETTI WITH GROUND PORK & GARLIC STEMS

마늘종 소보로 스파게티

PASTA TYPE

INGREDIENT

스파게티 80g
돼지고기(다짐육) 80g
마늘종 3대
쪽파 3줄기(대파인 경우 1대)
양파 ¼개
올리브유 2큰술
포도씨유 1~2큰술
참기름 약간
면수 1국자(55ml)
면수용 소금 1큰술
소금 약간
후추 약간

소스

참기름 1큰술
진간장 1큰술
피시소스 1큰술
맛술 1큰술
설탕 1작은술

PREP

1 소금으로 간한 끓는 물에 스파게티를 넣고 삶는다. 포장지에 적힌 시간보다 2분 먼저 건져 내 볼에 담고 올리브유 2큰술을 뿌려 섞어 둔다.

2 돼지고기는 체에 밭친 뒤 뜨거운 물로 가볍게 헹궈 잡내를 제거한다.

3 마늘종과 쪽파, 양파는 모두 잘게 다진다.

4 볼에 소스 재료들을 전부 담고 잘 섞어 소스를 만든다.

TO COOK

1 달군 팬에 포도씨유를 두르고 돼지고기를 볶는다.

2 고기가 갈색을 띠며 완전히 익었다면 양파, 마늘종, 쪽파 흰색 부분, 후추를 넣고 중간 불에서 볶는다.

3 양파가 투명해졌을 때 스파게티와 면수를 넣고, 소스를 부은 뒤 수분을 날려 가며 볶아 소스를 면에 잘 흡착시킨다.

4 면에 소스가 골고루 잘 스며들었는지 간을 본 뒤 접시에 옮겨 담는다.

5 남은 쪽파와 참기름을 뿌려 마무리한다.

소보로는 닭, 돼지, 소의 다짐육에 양념을 더한 뒤 수분을 날려 고슬고슬하게 조리한 일본식 요리다. 처음으로 맛본 마늘종 고기 볶음면은 대만의 한 사천식당이었는데, 마늘종을 총총 썬 귀여운 모양새에 한 번, 짭짤하면서도 고소한 맛에 두 번 반해 버렸다. 집에 돌아와서는 피시소스와 참기름을 더해 내 스타일대로 재탄생시켰다. 마늘종 소보로를 갓 지은 밥 위에 듬뿍 올려 먹어도 정말 맛있다.

5

SPAGHETTI WITH SHIITAKE MUSHROOM IN WHITE MISO SAUCE

표고버섯 백미소 스파게티

PASTA TYPE

INGREDIENT

스파게티 100g
표고버섯 3개
마늘 2쪽
쪽파 3줄기(대파인 경우 1대)
생강 1토막(15g)
포도씨유 2~3큰술
참기름 약간
면수 1국자(55ml)
면수용 소금 1큰술
소금 약간

소스

백미소 1큰술
참기름 1큰술
국간장 ½큰술
면수 2큰술
설탕 1작은술

PREP

1 소금으로 간한 끓는 물에 스파게티를 넣고 삶는다. 포장지에 적힌 시간보다 2분 먼저 건져 내 볼에 담고 올리브유 2큰술을 뿌려 섞어 둔다.

2 표고버섯은 흐르는 물에 가볍게 씻은 뒤 키친타월로 물기를 제거하고 반으로 잘라 슬라이스한다.

3 생강과 마늘은 잘게 다지고, 쪽파도 잘게 송송 썬다.

4 볼에 소스 재료들을 전부 담고 잘 섞어 소스를 만든다.

TO COOK

1 달군 팬에 포도씨유를 두르고 생강과 쪽파, 마늘을 넣어 볶는다.

2 버섯을 넣고 잘 섞으며 볶는다. 버섯은 스펀지처럼 기름을 금방 흡수하기 때문에 뒤에 넣고 포도씨유를 조금씩 추가해 가며 볶는 것이 좋다.

3 소스와 면수, 스파게티를 차례로 넣고 수분을 날려 가며 골고루 섞으며 볶아 소스를 면에 잘 흡착시킨다.

4 접시에 면부터 옮겨 담고 소스와 버섯을 위에 올린 뒤 참기름과 쪽파를 뿌려 마무리한다.

백미소의 단맛과 짠맛을 입힌 표고버섯 백미소 스파게티는 표고버섯의 풍미를 그대로 살린 레시피로 특유의 식감을 잘 살려 굽는 것이 포인트.
표고버섯과 백미소가 고유의 맛을 해치지 않고 조화롭게 어울리는데, 은은하게 퍼지는 생강의 향 또한 맛의 밸런스를 잡는 필수 재료이다.
한국 된장을 사용할 경우 소스에서 간장을 빼고 매실액을 1큰술 섞어 사용하길 권한다.

SPAGHETTI WITH BOMDONG CABBAGE

봄동 안초비 스파게티

PASTA TYPE

INGREDIENT

스파게티 80g
봄동 5~6장
방울토마토 10개
페퍼론치노 3~4개
안초비 필렛 3개
마늘 2쪽
올리브유 3~4큰술
간 파르미지아노 레지아노 치즈 약간
(생략 가능)
면수 1국자(55ml)
면수용 소금 1큰술
후추 약간

PREP

1 소금으로 간한 끓는 물에 스파게티를 넣고 삶는다. 포장지에 적힌 시간보다 2분 먼저 건져 내 볼에 담고 올리브유 2큰술을 뿌려 섞어 둔다.

2 봄동을 손질할 때는 뿌리 부분에 흙이 많으므로 잎 부분을 움켜쥔 상태로 뿌리를 잘라 내고 흐르는 물에 깨끗이 세척한다. 체에 밭쳐 물기를 제거하고 먹기 좋은 크기로 자른다.

3 마늘과 안초비는 잘게 다진다.

4 방울토마토는 반으로 자른다.

TO COOK

1 달군 팬에 올리브유 2큰술을 두르고 마늘을 넣어 약한 불에서 천천히 볶는다.

2 마늘이 살짝 익으면 다진 안초비를 넣고 볶는다.

3 페퍼론치노와 방울토마토, 봄동을 순서대로 넣고 후추를 뿌린 뒤 뚜껑을 덮어 봄동의 숨이 죽을 때까지 3~4분간 약한 불에서 익힌다.

4 방울토마토와 봄동에서 수분이 자작하게 나왔다면 뚜껑을 열고 면수와 스파게티를 넣는다.

5 소스가 면에 잘 흡수되도록 수분을 날려 가며 골고루 섞는다.

6 접시에 옮겨 담고 간 파르미지아노 레지아노 치즈와 후추, 올리브유 1큰술을 뿌려 마무리한다.

봄을 가장 먼저 알리는 채소 중 하나인 봄동. 봄동으로 파스타를 만든다면 어떤 느낌일까?
봄동과 방울토마토가 익으면서 나오는 채수에 안초비와 마늘의 풍미가 더해지면 감칠맛이 폭발하는데, 여기에 페퍼론치노의 칼칼함까지 더해지면 근사한 요리가 완성된다.
시원한 맛에 바닥이 보일 때까지 결코 포크를 놓을 수 없다.

7

SPAGHETTINI WITH BRUSSELS SPROUTS & CHORIZO

미니양배추 초리조 스파게티니

PASTA TYPE

INGREDIENT

스파게티니 80g
초리조 50g
(베이컨 3장으로 대체 가능)
미니양배추 5~6개
레몬 ½개
마늘 1~2쪽
양파 ¼개
간 파르미지아노 레지아노 치즈 3큰술
이탈리안 파슬리 10g
올리브유 3~4큰술
홀그레인 머스터드 ½큰술
빵가루 2큰술
면수 1국자(55ml)
면수용 소금 1큰술
소금 약간
후추 약간

PREP

1 소금으로 간한 끓는 물에 스파게티니를 넣고 삶는다. 포장지에 적힌 시간보다 2분 먼저 건져 내 볼에 담고 올리브유 2큰술을 뿌려 섞어 둔다.

2 미니양배추는 깨끗이 씻어 겉껍질을 한 겹 벗기고 뿌리를 잘라 낸 뒤 세로로 4등분한다.

3 초리조는 잘게 썰고 양파와 마늘은 다진다. 이탈리안 파슬리는 줄기와 잎을 분리한 뒤 잘게 다진다.

4 빵가루는 시판 빵가루를 사용한다. 팬에 넣고 약한 불에서 골고루 굽는다.

TO COOK

1 달군 팬에 올리브유 1큰술을 두르고 양파와 마늘, 미니양배추를 넣고 소금과 후추로 간을 한 뒤 중약불에서 볶는다.

2 양파가 투명해지면 다진 이탈리안 파슬리 줄기 부분과 초리조를 넣고 볶는다.

3 스파게티니와 면수를 먼저 넣고 홀그레인 머스타드를 더한다. 레몬을 짜 즙을 만들어 넣은 뒤 골고루 섞고 불을 끈다.

4 후추와 간 파르미지아노 레지아노 치즈, 빵가루를 뿌린다.

5 레몬 껍질을 그레이터로 갈아 뿌린다. 올리브유 1큰술을 뿌리고, 이탈리안 파슬리잎을 올려 마무리한다.

일반 양배추보다 단맛이 강한 미니양배추와 바삭하게 구우면 더욱 고소해지는 스페인식 소시지 초리조. 여기에 상큼한 레몬과 홀그레인 머스터드를 더하면 양배추 특유의 냄새도 중화시키고, 짭짤한 초리조와도 궁합이 잘 맞는다.
빵가루를 약한 불에 갈색이 될 때까지 구워서 완성된 파스타 위에 뿌려 보자. 고소한 크럼블 토핑이 된다. 어딘가 허전해 보이는 파스타에 재미를 더하고 싶을 때 활용해 보자.

FETTUCCINE WITH CREAMY SALMON & GREEN ONION

크리미 연어 대파 페투치네

PASTA TYPE

INGREDIENT

페투치네 80g
생연어 100g
안초비 필렛 3개
대파 ½개
마늘 1쪽
양파 ½개
레몬 ¼개
생크림 200g
간 파르미지아노 레지아노 치즈 3큰술
이탈리안 파슬리 10g
화이트와인 50ml
버터 2큰술
올리브유 2큰술
케이퍼 1큰술
홀그레인 머스터드 1작은술
면수용 소금 1큰술
후추 약간

PREP

1 소금으로 간한 끓는 물에 페투치네를 넣고 삶는다. 포장지에 적힌 시간보다 2분 먼저 건져 내 볼에 담고 올리브유를 뿌려 섞어 둔다.

2 연어는 한입 크기로 깍둑썰기한다.

3 대파는 송송 썰고 양파는 작게 썬다. 마늘은 다지거나 편으로 썬다. 안초비와 케이퍼는 다진다.

4 이탈리안 파슬리는 줄기와 잎으로 분리해 다진다. 다진 줄기는 볶을 때 넣고, 다진 잎은 완성 후 가니시로 활용한다.

TO COOK

1 달군 팬에 버터와 올리브유를 두르고 대파와 양파, 마늘, 이탈리안 파슬리 줄기를 넣어 소금과 후추로 간한 뒤 잘 섞으며 볶는다.

2 양파가 투명해지면 안초비와 케이퍼를 순서대로 넣고 볶는다.

3 화이트와인을 붓고 센 불에서 알코올을 가볍게 날린 뒤, 홀그레인 머스터드와 생크림을 넣고 골고루 섞다가 약한 불로 줄인다.

4 연어를 올린 뒤 부서지지 않게 앞뒤로 한번씩 뒤집어 가며 약한 불에서 익힌다.

5 페투치네를 넣고 간 파르미지아노 레지아노 치즈 2큰술을 뿌린 뒤 연어가 부서지지 않도록 조심스럽게 섞는다.

6 레몬 껍질을 그레이터로 갈아 뿌린다. 여분의 파르미지아노 레지아노 치즈와 이탈리안 파슬리, 후추를 뿌려 마무리한다.

개인적으로는 참치와 연어처럼 기름진 생선을 선호하는 편은 아니지만,
이 레시피만큼은 누구에게든 주저 없이 추천할 수 있다.
올리브유에 안초비와 마늘을 넣고 뭉근하게 끓여 채소 스틱 등을 퐁듀처럼 찍어 먹는 이탈리아 요리 바냐 카우다bagna càuda에서 영감을 얻은 레시피다. 마늘과 구운 대파의 향미와 케이퍼, 홀그레인 머스터드가 은근하면서도 힘 있게 연어를 받쳐 준다.

SUMMER PASTA

CHAPTER. 2

여름의 파스타

1

CAPRESE FARFALLE

카프레제 파르팔레

PASTA TYPE

INGREDIENT

파르팔레 80g
방울토마토 5~6개
그린올리브 5~6개
마늘 1쪽
레몬 ¾개
생모차렐라 치즈 60g
바질잎 10g
올리브유 5큰술
화이트와인 비네거 2큰술
케이퍼 1큰술
면수 1큰술
면수용 소금 1큰술
소금 약간
후추 약간

PREP

1 소금으로 간한 끓는 물에 파르팔레를 넣고 포장지에 적힌 대로 정확하게 시간을 맞춰 삶는다. 찬물에 헹궈 물기를 제거한 뒤 볼에 담고 올리브유 2큰술을 뿌려 섞어 둔다.

2 방울토마토는 4등분하고, 그린올리브와 케이퍼는 다진다.

3 바질잎은 세로로 돌돌 말아 움켜 쥐고 잘게 다진다. 이때 바질잎 2~3장은 가니시용으로 따로 둔다.

TO COOK

1 볼에 파르팔레, 방울토마토, 다진 바질잎, 다진 올리브와 케이퍼를 넣는다. 마늘은 치즈 그레이터로 갈아 넣는다. 레몬 ¼개를 짜 즙을 만들어 넣고 레몬 ½개 분량의 껍질을 그레이터로 갈아 뿌린다.

2 올리브유 2큰술과 면수, 화이트와인 비네거, 소금, 후추를 넣은 뒤 골고루 섞는다.

3 접시에 옮겨 담고 생모차렐라 치즈를 먹기 좋은 크기로 찢어 올린다.

4 후추와 올리브유 1큰술, 바질잎을 순서대로 뿌려 마무리한다.

무더위로 인해 잃어버린 입맛을 되살려 주는 상큼한 레시피!
토마토에 다진 바질잎과 레몬 제스트로 상큼함을 더하고, 올리브와 케이퍼의 짭짤함으로 균형을 맞춘 파스타를 한입 가득 넣고 씹으면, 이것이 바로 여름의 맛. 허브는 바질 외에도 루콜라, 딜, 애플민트 등으로 대체 가능하며 부라타, 보코치니, 모차렐라, 페타, 리코타 치즈 등을 취향에 맞게 추가해 즐겨 보자. 견과류를 다져 가니시해도 맛있고, 파르팔레가 없다면 엔젤헤어나 카펠리니를 사용해도 좋다.

2

BASIL PESTO FUSILLI

바질페스토 푸실리

PASTA TYPE

INGREDIENT

푸실리 100g
선드라이드 토마토 20g
간 파르미지아노 레지아노 치즈 3큰술
올리브유 4큰술
면수용 소금 1큰술

바질페스토
바질잎 100g
파르미지아노 레지아노 치즈 50g
잣 40g
마늘 2쪽
레몬 1개
올리브유 50ml
소금 약간
후추 약간

PREP

1 소금으로 간한 끓는 물에 푸실리를 넣고 삶는다. 포장지에 적힌 시간보다 2분 먼저 건져 내 볼에 담고 올리브유 2큰술을 뿌려 섞어 둔다.

2 바질은 줄기에서 잎만 분리한다.

3 선드라이드 토마토는 잘게 썬다.

[바질페스토 만들기]

1 블렌더에 바질잎, 마늘, 잣, 파르미지아노 레지아노 치즈, 올리브유, 소금, 후추를 넣는다. 레몬 1개 분량의 껍질을 그레이터로 갈아 블렌더에 넣고 곱게 갈아 바질페스토를 만든다.

↳ 블렌더나 믹서기가 없다면 바질잎과 잣은 잘게 다지고, 마늘은 치즈 그레이터에 갈아 사용한다.

2 뜨거운 물로 살균 세척한 유리병에 바질페스토를 80% 정도 채우고, 올리브유로 바질페스토 위를 1cm가량 채워 냉장 보관한다. 유통기한이 약 1주 정도로 길지 않으므로 가급적 빨리 먹는 것이 좋다.

TO COOK

1 볼에 바질페스토 2큰술과 선드라이드 토마토, 올리브유 2큰술을 담는다. 이때 선드라이드 토마토 1큰술을 가니시용으로 남겨 둔다.

2 푸실리와 간 파르미지아노 레지아노 치즈 2큰술을 담고 골고루 잘 섞는다.

3 접시에 담고 여분의 파르미지아노 레지아노 치즈를 살짝 뿌린 뒤 여분의 선드라이드 토마토와 바질잎을 올려 마무리한다.

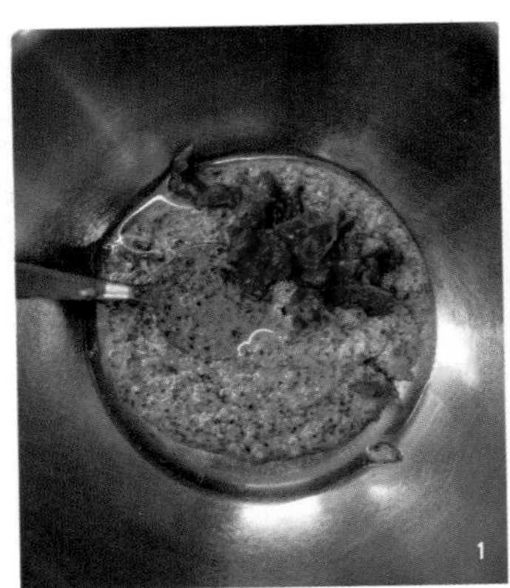

1

2 ···▸

뜨거운 불 앞에 오래 서 있기 싫은 한여름, 파스타만 삶으면 되는 간단한 레시피다.
좀 더 상큼한 맛을 원한다면, 바질페스토에 다진 선드라이드 토마토, 간 치즈, 올리브유를 함께 버무려 내면 된다. 잣 외에도 피칸, 아몬드, 캐슈넛, 피스타치오 등 다양한 견과류를 사용할 수 있다. 이때 견과류는 마른 팬에 기름 없이 약한 불에서 한 번 토스트해 넣자. 냉장고 냄새 같은 잡내를 잡아줄 수 있다.
같은 방법으로 루콜라, 케일, 참나물, 쑥, 고수, 깻잎 등 가지고 있는 재료에 따라 다양한 페스토를 시도해 보자.

3

GREEK SALAD CASARECCE
그릭 샐러드 카사레체

PASTA TYPE

INGREDIENT

카사레체 50g
방울토마토 6~7개
씨 없는 올리브 5~6개
참치캔(소) 1개
안초비 필렛 2개
반숙 달걀 1개
마늘 1쪽
청오이 ⅓개(백오이의 경우 씨를 제거)
레몬 1개
양파 ⅓개
이탈리안 파슬리 10g
올리브유 2큰술
케이퍼 1큰술
페타 치즈 1큰술
면수용 소금 1큰술
소금 약간
후추 약간

PREP

1 소금으로 간한 끓는 물에 카사레체를 넣고 삶는다. 포장지에 적힌 시간보다 2분 먼저 건져 내 볼에 담고 올리브유 2큰술을 뿌려 섞어 둔다.

2 청오이는 한입 크기로 깍둑썰기하고 방울토마토는 2~3등분한다.

3 반숙 달걀은 세로로 4~6등분하고, 올리브는 슬라이스한다.

4 안초비와 양파, 이탈리안 파슬리잎은 잘게 다진다. 마늘은 치즈 그레이터로 곱게 간다.

5 참치는 기름을 제거하고 쓴다.

TO COOK

1 작은 볼에 안초비 필렛 1개와 양파, 이탈리안 파슬리, 마늘을 담는다. 레몬 ½개를 짜 즙을 만들어 넣고 껍질 ½개 분량을 그레이터로 갈아 뿌린다. 소금, 후추, 올리브유를 뿌린 뒤 골고루 섞어 드레싱을 만든다.

2 큰 볼에 카사레체와 청오이, 방울토마토, 올리브, 케이퍼, 레몬 제스트를 담고 드레싱을 끼얹은 뒤 잘 섞는다.

3 접시에 옮겨 담고 파스타 주변을 달걀과 참치, 페타 치즈로 장식한다. 여분의 안초비 필렛 1개와 이탈리안 파슬리를 올려 마무리한다.

'건강한 맛이야!'라고 하면 대부분 '맛은 없겠구나.'라고 생각한다. 하지만 여기, 그 편견을 깰 훌륭한 맛과 영양소를 다 가진 욕심쟁이 파스타를 소개한다. 먼저 식성에 따라 각자가 좋아하는 재료들을 준비한다.
안초비와 레몬에 다진 양파와 마늘이 만나면 감칠맛이 폭발하는 상큼한 드레싱이 된다. 꼬들꼬들 잘 삶아진 숏 파스타 옆에 고소하고 짭짤한 페타 치즈까지 거든다면 이보다 건강하고 맛있는 샐러드 파스타가 또 있을까!
여름에 입맛 없다고 끼니를 거르는 친구들에게 자꾸 배달하고 싶어지는, 나를 속수무책 오지랖 대장으로 만드는 메뉴이기도 하다.

4

POMODORO SPAGHETTI

포모도로 스파게티

PASTA TYPE

INGREDIENT

스파게티 100g
토마토 퓌레 400g
바질잎 20g
간 그라나 파다노 치즈 2큰술
마늘 3쪽
페퍼론치노 2개
양파 ½개
올리브유 4큰술
면수용 소금 1큰술
소금 약간
후추 약간

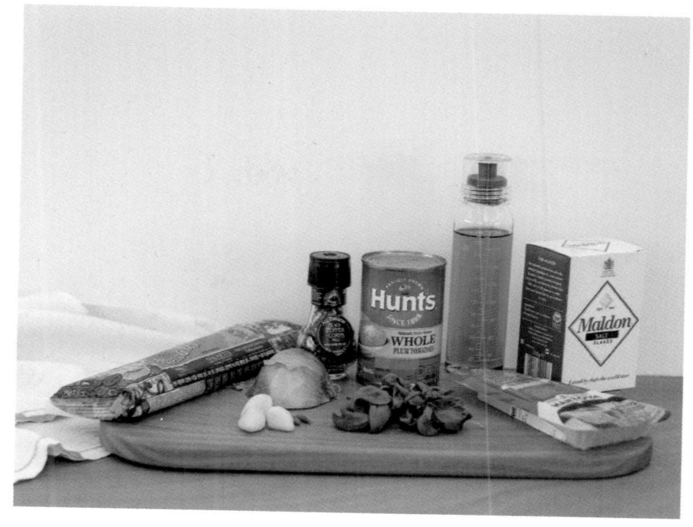

PREP

1 소금으로 간한 끓는 물에 스파게티를 넣고 삶는다. 포장지에 적힌 시간보다 2분 먼저 건져 내 볼에 담고 올리브유 2큰술을 뿌려 섞어 둔다.

2 양파와 마늘은 다지고, 토마토 퓌레는 칼이나 가위로 잘게 자른다.

3 바질잎은 가니시용 1장을 제외한 나머지를 잘게 다진다.

TO COOK

1 달군 팬에 올리브유 2큰술을 두르고 마늘과 양파를 넣어 소금과 후추로 간한 뒤 볶는다.

2 양파가 완전히 투명해질 때까지 충분히 볶은 뒤 페퍼론치노와 바질잎, 토마토 퓌레를 넣고 약한 불에서 뭉근하게 끓여 소스를 만든다.

↳ 토마토소스는 센 불에서 오래 끓이면 신맛이 도드라지므로 약한 불에서 조리한다. 소스 레시피는 2인분 기준이며 남은 소스는 냉장 보관한다.

3 스파게티와 올리브유 1큰술, 후추를 넣고 면에 소스가 충분히 스며들도록 골고루 섞는다.

4 접시에 옮겨 담고 간 그라나 파다노 치즈와 올리브유 1큰술을 뿌린 뒤 바질잎을 올려 마무리한다.

토마토를 의미하는 '포모도로'는 토마토, 마늘, 허브, 올리브유 등의 기본적인 재료로 만드는 제법 단순한 소스다. 집집마다 김치와 된장 맛이 다르듯, 이탈리아에서도 지역과 토마토 품종, 사용하는 허브에 따라 조금씩 다른 풍미를 뽐낸다.
단맛이 강한 이탈리아 토마토에 비해 신맛이 두드러지는 한국의 찰토마토는 소스를 만들기에 적합하지 않으므로 시판 토마토 퓌레를 권한다. 허브 또한 로즈메리, 오레가노, 타임 등을 취향대로 넣어 각종 토마토소스 요리에 활용해 보자.

5

GUACAMOLE FRUIT GEMELLI

과카몰리 프루트 제멜리

PASTA TYPE

INGREDIENT

제멜리 50g
└→ 모든 쇼트 파스타로 대체 가능

방울토마토 5개
완숙 아보카도 1개
레몬 ¾개
마늘 1쪽
씨 없는 포도 5~6알
이탈리안 파슬리 10g
올리브유 3큰술
화이트와인 비네거 1큰술
면수용 소금 1큰술
소금 ½작은술
후추 약간

PREP

1 소금으로 간한 끓는 물에 제멜리를 넣고 삶는다. 포장지에 적힌 시간보다 2분 먼저 건져 내 볼에 담고 올리브유 2큰술을 뿌려 섞어 둔다.

2 방울토마토와 포도는 반으로 자르고, 이탈리안 파슬리는 잘게 다진다.

3 아보카도는 반으로 칼집을 내고 손으로 비틀어 자른다. 칼로 씨를 빼낸 뒤 숟가락으로 과육을 파낸다.

TO COOK

1 볼에 아보카도 과육을 담고 포크로 잘게 으깬다.

2 볼에 이탈리안 파슬리, 그레이터로 간 마늘, 올리브유, 화이트와인 비네거, 소금, 후추를 넣고 레몬 ¼개를 짜 즙을 만들어 넣은 뒤 잘 섞어 과카몰리를 만든다.

3 포도와 방울토마토, 제멜리를 넣고 다시 골고루 섞는다.

4 접시에 옮겨 담고 레몬 ½개 분량의 껍질을 그레이터로 갈아 뿌린 뒤 여분의 포도와 방울토마토를 몇 조각 올려 장식한다.

이 페이지를 펼친 계절이 마침 여름이고, 좋아하는 여름 과일이 있다면 자두, 천도복숭아, 참외 등등 마음껏 넣어 보자!
과일계의 버터이자 슈퍼푸드로 알려진 아보카도는 미네랄과 비타민 함유량이 풍부하고, 다양한 요리에 활용하기 좋아 국내 수요도 점점 늘고 있다. 하지만 아보카도를 재배하면 산림이 황폐해진다는 문제가 지속적으로 발생한다는 뉴스를 접하고부터 마음 한구석이 영 편하지가 않다. 이 맛있는 것을 먹을 때마다 부채감이 든다니….
언젠가 윤리적 소비를 이유로 완전히 끊게 되는 날이 오더라도 이 파스타의 맛만은 기억하고 싶다.

6

SHISO PESTO CAPELLINI

시소페스토 카펠리니

PASTA TYPE

INGREDIENT

카펠리니 100g
레몬 ¼개

시소페스토(2~3인분)
시소잎 40장
생강 15g
레몬 ½개
마늘 1쪽
물 2큰술
국간장 1큰술
설탕 ½큰술
면수용 소금 1큰술
소금 약간
후추 약간

PREP

1 소금으로 간한 끓는 물에 카펠리니를 넣고 포장지에 적힌 대로 정확하게 시간을 맞춰 삶는다. 찬물에 헹군 뒤 체에 밭쳐 물기를 제거한다.

2 생강은 물에 1~2분간 담갔다가 칼이나 숟가락으로 긁어 껍질을 제거한다.

3 시소잎은 물에 담가 헹군 뒤 키친타월에 올려 물기를 제거한다.

TO COOK

1 블렌더에 레몬을 제외한 시소페스토 재료를 전부 넣는다. 레몬 ½개를 짜 즙을 만들어 넣고 곱게 갈아 시소페스토를 만든다.

↳ 블렌더나 믹서기가 없다면 시소잎은 잘게 다지고, 생강과 마늘은 치즈 그레이터에 갈아 사용한다. 남은 페스토는 향이 거의 없는 포도씨유와 섞어 냉장 보관하면 훌륭한 샐러드 드레싱이 된다.

2 볼에 카펠리니를 담고, 시소페스토를 넉넉하게 2큰술 정도 넣은 뒤 골고루 섞는다.

3 접시에 옮겨 담고 가니시로 시소페스토 1큰술을 올린다. 레몬 ¼분량의 껍질을 그레이터로 갈아 뿌려 마무리한다.

콧잔등에 땀이 송골송골 맺힐 즈음, 매해 돌아오는 의식처럼
시소페스토를 잔뜩 만들어 둔다.
한 계절을 온전히 즐기고 있다는 생각은 나를 살아 있게 한다.
콜드 파스타의 완벽한 짝꿍 엔젤헤어나 카펠리니에 대저토마토를
대충 썰어 올리고, 시소페스토를 듬뿍 끼얹어 섞은 뒤 레몬
제스트와 감자칼로 길게 자른 오이를 툭툭 얹어 가니시하면,
파스타 한 접시로 최대의 사치를 부리는 기분이 든다.

7

EGGPLANT PUREE ANGEL HAIR

가지 퓌레 엔젤헤어

PASTA TYPE

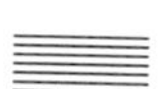

INGREDIENT

엔젤헤어 80g
가지 3개
마늘 1쪽
레몬 1½개
딜 10g
피스타치오 30g(아몬드로 대체 가능)
화이트와인 비네거 30ml
올리브유 8큰술
면수용 소금 1큰술
소금 약간
후추 약간

PREP

1 소금으로 간한 끓는 물에 엔젤헤어를 넣고 포장지에 적힌 대로 정확하게 시간을 맞춰 삶는다. 찬물에 헹군 뒤 체에 밭쳐 물기를 제거한다.

2 가지는 감자칼로 껍질을 벗기고 가로 세로로 1번씩 잘라 4등분한다.

TO COOK

1 달군 팬에 올리브유 2큰술을 두르고 가지를 넣어 앞뒤로 노릇노릇하게 익힌다. 뚜껑을 덮고 약한 불에서 5분간 수분으로 익혔다가 뚜껑을 열고 마저 익힌다.

2 볼에 가지를 옮겨 담는다. 이때 가니시용 가지 2조각은 따로 둔다.

3 볼에 딜과 마늘, 피스타치오, 화이트와인 비네거, 올리브유 5큰술, 소금 ½작은술, 후추를 더한다.

4 레몬 ½개를 짜 즙을 만들어 넣고 레몬 1개 분량의 껍질을 그레이터로 갈아 뿌린 뒤 블렌더로 곱게 갈아 가지 퓌레를 만든다. 이때 너무 뻑뻑하다면 올리브유 1큰술이나 물을 약간 더해 농도를 조절하고, 소금으로 간한다.

5 다른 볼에 엔젤헤어를 담고 가지 퓌레를 3큰술 넣은 뒤 골고루 섞는다.

6 접시에 옮겨 담고 가니시용 가지로 장식한 뒤 여분의 피스타치오와 딜을 올린다. 남은 가지 퓌레는 용기에 옮겨 담고 올리브유를 채워 3일 정도 냉장 보관한다.

어른이 되고 나서야 비로소 즐기게 된 채소들이 있는데 그중 단연 1등으로 꼽는 것은 바로 가지다. 그 맛을 어렸을 땐 왜 몰랐나 싶다.
(만들기가 귀찮아서 그렇지) 없어서 못 먹는 가지는 그야말로 튀겨 먹든 볶아 먹든 구워 먹든 어떻게 조리해도 맛있다.
가지는 익히는 데 의외로 품이 많이 드는 재료라, 껍질째 오븐에서 익히면 족히 1시간은 걸린다. 시간이 없을 땐 감자칼로 쓱쓱 껍질을 벗겨 내자. 팬에서 익히면 시간도 단축될뿐더러 겉은 바삭하고 안은 바나나처럼 촉촉하고 부드럽게 익힐 수 있다.
병아리콩으로 만든 후무스Hummus보다 가볍고, 페스토보다는 부드러운 가지 퓌레는 여름과 정말 잘 어울린다. 아니, 해마다 여름이면 생각나는 메뉴라고 정정하겠다.

8

LEMONGRASS CAPELLINI

레몬그라스 카펠리니

PASTA TYPE

INGREDIENT

카펠리니 150g
레몬그라스 3개
마늘 2쪽
대파 1개
홍고추 1개(청양고추로 대체 가능)
레몬 1개
생강 15g
포도씨유 4큰술
피시소스 2큰술
설탕 ½큰술
면수 1국자(55ml)
면수용 소금 1큰술
소금 약간

PREP

1 소금으로 간한 끓는 물에 카펠리니를 넣고 삶는다. 포장지에 적힌 시간보다 1분 먼저 건져 내 볼에 담고 포도씨유 2큰술을 뿌려 섞어 둔다.

2 레몬그라스와 대파, 홍고추는 얇게 슬라이스하고 생강과 마늘은 잘게 다진다.

[레몬그라스 손질하기]

1 뿌리 부분 2cm와 줄기 윗부분 3cm 정도를 잘라 내고 겉껍질을 벗긴 뒤 칼등이나 단단한 돌로 골고루 내리치면 향과 풍미가 아주 풍성하게 살아난다.

2 잘 내리쳐 부드러워진 레몬그라스를 얇게 저미듯이 썬다.

TO COOK

1 달군 팬에 포도씨유를 두르고 레몬그라스와 대파, 생강, 마늘을 넣고 중간 불에서 잘 섞으며 볶는다.

2 레몬그라스와 생강이 완전히 익었다면 홍고추를 넣고 볶는다.

3 작은 볼에 피시소스와 설탕을 넣고 레몬 ½개를 짜 즙을 만들어 넣은 뒤 잘 섞어 소스를 만든다.

4 팬에 소스와 카펠리니를 넣고 소스가 면에 잘 흡수되도록 약불에서 약 1분간 골고루 섞으며 볶는다.

5 카펠리니를 접시에 옮겨 담고 팬에 남은 재료들을 올린 뒤 레몬 ½개 분량의 껍질을 그레이터로 갈아 뿌린다.

여름이 되면 레몬그라스 진저 아이스티를 만들어 벌컥벌컥 마시곤 한다. 얇게 채 썬 레몬그라스와 생강으로 청을 만들어 두면 마지막 한 모금까지 은은하게 향을 즐길 수 있다. 더워도 너무 더웠던 어느 날, 행여 입맛을 잃을까 하찮은 걱정을 하다가 우연히 이 레몬그라스 파스타 레시피가 탄생했다. 다른 레시피에 비해 거의 두 배로 많은 150g의 파스타 양을 눈치챈 독자가 있을까? 피시소스의 감칠맛, 생강의 알싸함, 설탕이 살짝 스치고 간 자리에 감도는 레몬의 향기, 접시 위에 그득히 쌓아 놓고 계속 퍼먹게 되는 어마어마한 중독성…. 아아, 다이어트 따위! 다만 이 중독성을 체험하려면 엔젤헤어나 카펠리니처럼 아주 얇은 면을 사용해야 함을 잊지 마시길.

AUTUMN PASTA

CHAPTER. 3

가을의 파스타

1

CHAMNAMUL BACON SPAGHETTI

참나물 베이컨 스파게티

PASTA TYPE

INGREDIENT

스파게티 100g
참나물 50g
베이컨 3장
대파 1대
마늘 2쪽
페퍼론치노 2개
포도씨유 2큰술
면수 1국자(55ml)
참기름 약간
면수용 소금 1큰술
후추 약간

소스

참기름 1큰술
국간장 1큰술
설탕 ½큰술

PREP

1 소금으로 간한 끓는 물에 스파게티를 넣고 삶는다. 포장지에 적힌 시간보다 2분 먼저 건져 내 볼에 담고 포도씨유 2큰술을 뿌려 섞어 둔다.

2 참나물은 찬물에 씻어 줄기의 억센 부분을 자르고 물기를 제거한다. 줄기와 잎을 분리해 놓은 뒤 줄기는 다진다.

3 베이컨은 1cm 간격으로 썰고, 대파는 송송 썬다. 마늘은 편으로 썰거나 다진다.

4 작은 볼에 소스 재료들을 담고 미리 잘 섞는다.

TO COOK

1 달군 팬에 베이컨을 넣고 바삭하게 굽는다.

2 팬 표면을 키친타월로 닦아 베이컨 기름을 일부 제거한 뒤 대파와 마늘을 넣고 약한 불에서 볶는다.

3 페퍼론치노를 부숴 넣고 다진 참나물 줄기를 넣어 볶다가 소스를 붓고 잘 섞는다.

4 면수와 스파게티를 넣고 면에 소스가 잘 배도록 수분을 날려 가며 골고루 섞은 뒤 불을 끈다.

5 참나물 잎을 1줌 넣고 잔열에서 섞은 뒤 접시에 옮겨 담는다.

6 참기름과 후추를 뿌리고 남은 참나물을 올려 마무리한다.

산에서 나는 나물 중에서도 식감이 좋고 특유의 쌉싸름한 맛과 향긋함이 특징인 참나물은 늦여름부터 가을이 제철이지만 하우스 재배로 일 년 내내 손쉽게 구할 수 있다.
개인적으로는 참나물의 쌉싸래한 향이 좋아 완전히 데치는 방법보다는 반조리하거나 생으로 넣는 것을 선호하는 편이다.
참나물에 마늘과 견과류를 넣고 올리브유와 파르메산 치즈를 더해 페스토를 만들어도 좋다. 바질이나 루콜라보다 가격도 저렴하고, 언제든 구입이 가능하니 적극 활용해 보자.

2

TOMATO CLAM FUSILLI

토마토 조개 푸실리

PASTA TYPE

INGREDIENT

푸실리 60g
바지락 200g
홍합 200g
방울토마토 6개
페퍼론치노 3개
마늘 1쪽
이탈리안 파슬리 10g
(셀러리 1대로 대체 가능)
화이트와인 60~70ml
버터 1큰술
올리브유 2~3큰술
레몬 ½개
면수용 소금 1큰술

PREP

1 소금으로 간한 끓는 물에 푸실리를 넣어 삶는다. 포장지에 적힌 시간보다 2분 먼저 건져 내 볼에 담고 올리브유 2큰술을 뿌려 섞어 둔다.

2 바지락과 홍합은 깨끗이 손질한 뒤 해감한다.

3 이탈리안 파슬리와 마늘은 다지고, 방울토마토는 4등분한다.

TO COOK

1 달군 팬에 올리브유를 두르고 버터와 마늘을 넣어 약한 불에서 익힌다.

2 바지락, 홍합을 넣고 잘 섞은 뒤 화이트와인을 부어 센 불에서 알코올을 살짝 날리고 이탈리안 파슬리와 페퍼론치노, 방울토마토, 후추를 넣는다.

3 뚜껑을 덮고 조개가 입을 벌릴 때까지 중약불에서 끓인다.

4 조개가 입을 벌리면 뚜껑을 열고 푸실리를 넣어 약한 불에서 약 1분간 소스가 면에 잘 배게 둔다.

5 바닥이 오목한 그릇에 옮겨 담고 레몬 껍질을 그레이터로 갈아 뿌린다.

조개가 있다면 간단히 만들 수 있는 수프 파스타를 소개한다. 방울토마토에서 나오는 채수와 조개 육수, 버터, 화이트와인의 궁합이 훌륭하고 치즈 없이 깔끔한 국물 맛이 포인트다. 셀러리나 이탈리안 파슬리가 없다면 다진 쪽파로 대체한다. 같은 방법으로 생크림과 그라나 파다노 치즈를 넣은 크림소스 베이스의 토마토 조개 파스타도 만들어 보자. 만드는 방법은 동일하며 조개를 넣는 단계에서 애호박을 추가하고 생크림과 그라나 파다노 치즈를 넣는다. 크림과 치즈의 풍미를 느낄 수 있고, 방울토마토와도 아주 잘 어울리니 꼭 시도해 보길 권한다.

3

LEMON CREAM PAPPARDELLE

레몬 크림 파파르델레

PASTA TYPE

INGREDIENT

파파르델레 90~100g
마늘 2쪽
레몬 1개
생크림 200ml
간 파르미지아노 레지아노 치즈 3큰술
이탈리안 파슬리 10g
올리브유 3~4큰술
버터 1큰술
면수용 소금 1큰술
소금 약간
후추 약간

PREP

1 소금으로 간한 끓는 물에 파파르델레를 넣고 삶는다. 포장지에 적힌 시간보다 2분 먼저 건져 내 볼에 담고 올리브유 2큰술을 뿌려 섞어 둔다.

2 작은 그릇에 레몬 ½개를 짜 즙을 만들어 담는다.

3 마늘은 다지거나 편으로 썰고, 이탈리안 파슬리는 다진다.

TO COOK

1 달군 팬에 버터와 올리브유를 두르고 마늘을 넣어 약한 불에서 볶는다.

2 마늘이 익으면 생크림을 넣고 5분간 약한 불에서 뭉근하게 끓인다.

3 간 파르미지아노 레지아노 치즈 2큰술을 넣고 후추로 간한다.

4 파파르델레를 넣고 레몬 ½개를 짜 즙을 만들어 넣은 뒤 골고루 잘 섞는다.

5 여분의 파르미지아노 레지아노 치즈와 후추, 이탈리안 파슬리를 올리고 레몬 ½개 분량의 껍질을 그레이터로 갈아 뿌린다.

꾸덕꾸덕한 질감의 크림 파스타를 좋아하는 이라면 해산물과 베이컨을 주재료로 한 크림 베이스의 맛이 익숙했을 것이다.
여기서는 크림소스를 사용하지만 느끼하거나 묵직하지 않으면서도 산뜻하게 입에 달라붙는 레몬향 파스타를 소개한다. 심지어 만들기도 쉽다!
이 레시피의 핵심은 레몬을 마지막 단계에 넣는 것이다. 레몬의 산이 크림과 일찍 만나면 빨리 분리되므로, 면을 넣는 단계에서 잔열로 휘리릭 섞어 주는 것이 좋다. 그러면 레몬의 상큼함만 남고, 파르미지아노 레지아노 치즈는 조화롭게 밸런스를 잡아 준다.
파파르델레는 넓은 면이지만 두께는 부담스럽지 않아 소스를 충분히 머금어 마지막 한입까지 상큼함을 전달한다. 풍성하고 리치한 느낌을 원한다면 생크림 대신 마스카르포네 치즈로도 대체 가능하다.

4

PUTTANESCA LINGUINE
푸타네스카 링귀네

PASTA TYPE

INGREDIENT

링귀네 90g
토마토 퓌레 200g*
블랙올리브 7~8개
안초비 필렛 2~3개
페페론치노 3개
마늘 2쪽
이탈리안 파슬리 15g
케이퍼 15g
간 그라나 파다노 치즈 1큰술
올리브유 4~5큰술
면수용 소금 1큰술
소금 약간
후추 약간

ㄴ 캔 토마토 퓌레가 없다면 방울토마토 7~8개를 다져서 사용해도 무방하다. 찰토마토는 이탈리아 토마토보다 신맛이 강하므로 방울토마토를 추천한다.

PREP

1 소금으로 간한 끓는 물에 링귀네를 넣고 삶는다. 포장지에 적힌 시간보다 2분 먼저 건져 내 볼에 담고 올리브유 2큰술을 뿌려 섞어 둔다.

2 안초비와 마늘, 블랙올리브, 이탈리안 파슬리, 케이퍼, 페페론치노는 다진다. 이때 가니시용으로 이탈리안 파슬리잎 2~3장을 남긴다.

TO COOK

1 달군 팬에 올리브유 1큰술을 두르고 마늘과 안초비, 페퍼론치노를 순서대로 넣어 약한 불에서 볶는다.

2 다진 블랙올리브와 이탈리안 파슬리, 케이퍼, 토마토 퓌레의 순서로 넣고 볶는다.

3 소스를 뭉근하게 끓여 자작해질 때까지 졸인다.

4 링귀네를 넣고 면에 골고루 소스가 배도록 약한 불에서 잘 섞는다. 이때 뻑뻑하다면 면수를 조금 넣는다.

5 접시에 옮겨 담고 팬에 남은 소스를 끼얹는다. 올리브유와 후추, 간 그라나 파다노 치즈를 뿌리고 가니시용으로 남겨 둔 이탈리안 파슬리잎을 올려 마무리한다.

내게 푸타네스카 파스타는 하루의 일과를 마친 주방 셰프들이 만드는 마감 파스타와 같다. 맥주나 와인 한 잔을 곁들여 고단한 하루의 피로를 달래는 느낌이랄까?
그도 그럴 것이 주재료인 안초비, 페퍼론치노, 올리브, 케이퍼와 토마토 퓌레는 제법 강한 맛들의 조합이고, 피곤할 때 달달한 것이 당기는 것처럼 지친 심신을 깨우는 자극적인 맛을 충족시키는 것이다. 빵으로 남은 소스를 싹싹 긁어 접시를 설거지하듯 개운하게 비우는 보람이 있다.
오늘의 고된 노동을 파스타 한 접시로 위로 받고 싶을 때 도전해 보자.

5

BRACKEN SPAGHETTI

고사리 스파게티

PASTA TYPE

INGREDIENT

스파게티 70g
데쳐서 물에 불린 국산 고사리 80g
대파 1대
마늘 2쪽
들기름 4큰술
포도씨유 2~3큰술
들깻가루 2큰술
면수 약간
면수용 소금 1큰술

소스

국간장 1큰술
참치액젓 1큰술
들기름 1큰술

PREP

1 소금으로 간한 끓는 물에 스파게티를 넣고 삶는다. 포장지에 적힌 시간보다 2분 먼저 건져 내 볼에 담고 들기름 1큰술을 넣어 골고루 섞는다.

2 고사리는 물에 가볍게 헹군 뒤 체에 밭쳐 물기를 제거한다.

3 대파와 마늘은 잘게 다진다.

4 작은 볼에 소스 재료들을 담고 잘 섞어 소스를 만든다.

[고사리 손질하기]

처음 고사리를 사용한다면 아래 과정을 생략하고 바로 조리 가능한 시판 제품을 구입하길 추천한다.

1 말린 고사리를 가볍게 씻은 뒤 끓는 물에 넣어 30~40분간 삶는다.

2 찬물에 헹구고 반나절에서 하루 동안 담가 둔다.

3 비린 맛을 제거하기 위해 뚜껑을 열고 조리하며, 감칠맛을 더하고 싶다면 액젓을 종류에 상관없이 첨가해도 좋다.

TO COOK

1 달군 팬에 포도씨유를 두르고 대파와 마늘을 넣어 볶는다. 이때 대파는 가니시용으로 약간 남겨 둔다.

2 고사리를 넣고 면수를 조금씩 추가하며 볶아 고사리 특유의 냄새를 제거한다.

3 고사리를 맛보고 부드럽게 익었다면 소스와 스파게티를 넣고 수분을 날려 가며 골고루 섞어 소스를 면에 잘 흡착시킨다.

4 들기름 2큰술과 들깻가루 1큰술을 넣고 불을 끈 뒤 잔열에서 잘 섞는다.

5 접시에 옮겨 담고 가니시용으로 남겨 둔 대파와 들기름 1큰술, 들깻가루 1큰술을 뿌려 마무리한다.

└→ 들기름을 조리 마무리 단계에 가니시로 더하면 향미를 좋은 상태로 유지할 수 있다.

몇 해 전 제주에 사는 수강생으로부터 직접 채취해서 말린 벳고사리를 선물 받았다. 이 귀한 선물을 특별한 요리에 꼭 한번 쓰고 싶었더랬다.
결국 언젠가의 클래스에서 비건 파스타 요리로 식탁에 올렸다. 대파와 마늘을 더해 고사리의 식감과 고소한 풍미를 살려 볶은 후, 들깻가루를 치즈처럼 듬뿍 올려서 냈더니 반응이 무척 뜨거웠다.
누군가 나에게 좋아하는 와인 안주가 뭐냐 묻는다면 고민하지 않고 고사리와 시래기, 들기름에 구운 두부와 달래장이라고 말할 것이다. 나물로 무친 고사리는 시간이 흐를수록 계속 물이 나오지만, 수분을 날려 가며 볶은 고사리 파스타는 꼬들꼬들 씹는 식감도 좋고 들기름의 풍미까지 즐길 수 있으니 어른들을 대접하는 식사로도 그만이고, 안주로는 더더욱 더할 나위 없다.
제대로 점수 따고 싶은 날, 회심의 파스타로 고사리 카드를 꺼내 들어 보자!

6

GRILLED MACKEREL SPAGHETTI

고등어 스파게티

PASTA TYPE

INGREDIENT

스파게티 80g
손질된 자반고등어 ½마리
대파 1대
페퍼론치노 3개
마늘 2쪽
화이트와인 50ml
올리브유 4큰술
피시소스 1큰술
면수 1큰술
레몬 ½개
면수용 소금 1큰술
후추 약간

PREP

1 소금으로 간한 끓는 물에 스파게티를 넣고 삶는다. 포장지에 적힌 시간보다 2분 먼저 건져 내 볼에 담고 올리브유 2큰술을 뿌려 섞어 둔다.

2 대파는 송송 썰고, 마늘은 다지거나 편으로 썬다.

3 자반고등어는 반으로 썰어 2조각을 만든다.

TO COOK

1 달군 팬에 올리브유 1큰술을 두르고 대파와 마늘을 넣어 중간 불에서 볶아 향을 낸다. 이때 대파는 가니시용으로 약간 남겨 둔다.

2 대파와 마늘이 적당히 익으면 팬 한쪽으로 밀어 자리를 만든 뒤 반으로 가른 자반고등어를 껍질이 바닥에 닿게 하여 올린다.

3 자반고등어를 앞뒤로 뒤집어 가며 노릇하게 굽다가 1조각을 가니시용으로 미리 접시에 덜어 둔다.

4 파스타 집게로 자반고등어를 한입 크기로 적당히 나눈 뒤 페퍼론치노를 부숴 넣고 피시소스, 후추, 화이트와인을 넣고 센 불에서 알코올을 날린다.

5 면수와 스파게티를 넣어 골고루 섞고 수분을 날려 가며 볶아 소스를 면에 잘 흡착시킨다.

6 접시에 옮겨 담고 자반고등어 1조각을 올린 뒤 가니시용으로 남겨 둔 대파, 올리브유 1큰술, 후추를 뿌린다. 레몬 껍질을 그레이터로 갈아 마무리한다.

생선으로 만든 파스타라 왠지 비릴 것 같지만, 노릇노릇 바삭하게 구운 고등어는 의외로 파스타와 꽤 잘 어울린다.

지방이 많은 등 푸른 생선 특유의 느끼함과 비린 맛을 제거하기 위해 대파로 향을 충분히 내어 볶고, 짧게 치고 오르는 페퍼론치노의 알싸함 또한 전체적인 맛의 밸런스를 잡는다.

생선을 다루는 파스타에 화이트와인을 살짝 가미하는 것도 같은 이유인데, 알코올은 날리고 향만 은은하게 남아 고소한 생선과 파스타를 고르게 잘 섞어 주는 역할을 한다. 여기에 피시소스를 추가하면 감칠맛이 배가 된다. 고등어를 바삭하게 익히고, 면은 최대한 꼬들꼬들하게 수분을 날리며 볶는 것이 실패하지 않는 포인트!

7

SHRIMP ROSE FETTUCCINE

새우 로제 페투치네

PASTA TYPE

INGREDIENT

페투치네 90g
생새우(중) 5개
마늘 2쪽
양파 ½개
생크림 150ml
간 파르미지아노 레지아노 치즈 3큰술
올리브유 5큰술
이탈리안 파슬리 10g
버터 1큰술
토마토 페이스트 1큰술
면수용 소금 1큰술
소금 약간
후추 약간
파프리카 가루 1자밤(생략 가능)

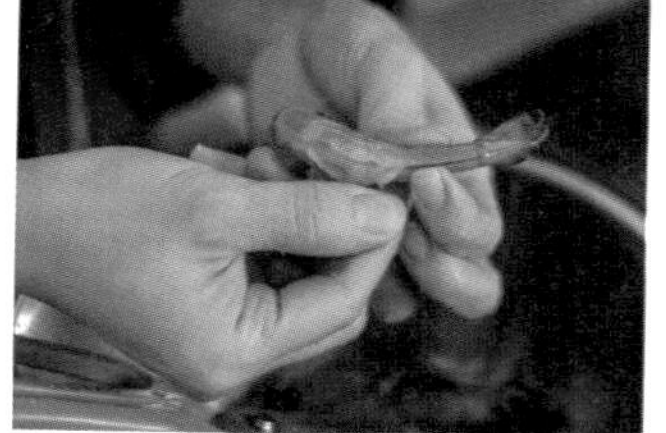

PREP

1 소금으로 간한 끓는 물에 페투치네를 넣어 삶는다. 포장지에 적힌 시간보다 2분 먼저 건져 내 볼에 담고 올리브유 2큰술을 뿌려 섞어 둔다.

2 양파와 마늘, 이탈리안 파슬리는 잘게 다진다.

[생새우 다듬기]

1 한 손으로 새우를 쥐고 가위로 머리의 뿔과 수염을 제거한다.

2 등 사이의 틈에 가위를 밀어 넣고 껍질을 자른 뒤 손으로 내장을 제거한다.

3 새우 1개만 가니시용으로 머리와 꼬리는 그대로 둔 뒤 몸통의 껍질만 벗기고, 나머지 새우는 껍질을 완전히 벗긴다.

└→ 감바스용으로 새우를 마리네이드해서 구울 경우 올리브유, 후추, 다진 허브를 섞어 냉장고에서 30분간 재워 두었다가 쓴다.

TO COOK

1 달군 팬에 올리브유 2큰술과 손질한 새우를 넣어 약한 불에서 익힌 뒤 그릇에 담는다.
2 같은 팬에 올리브유 1큰술을 더 두르고 다진 양파와 마늘을 넣은 뒤 소금과 후추로 간해 중약불에서 익힌다.
3 양파가 투명해지면 이탈리안 파슬리와 버터, 생크림, 토마토 페이스트를 넣어 숟가락으로 잘 풀어 준 뒤 파프리카 가루를 더해 골고루 섞는다.
4 페투치네를 넣고 잘 섞은 뒤 소스가 잘 배도록 약한 불에서 약 2분간 더 끓인다.
5 새우와 간 파르미지아노 레지아노 치즈 2큰술을 넣고 골고루 섞는다.
6 접시에 옮겨 담고 가니시용 새우를 맨 위에 오도록 올린 뒤 여분의 파르미지아노 레지아노 치즈, 이탈리안 파슬리, 후추를 뿌려 마무리한다.

살굿빛이 탐스럽게 감도는 로제소스는 토마토와 크림을 결합한 소스를 총칭한다. 우리나라에서 특히 사랑받는 파스타이기도 하다. 크리미한 로제소스에 구운 새우의 감칠맛이 더해지면 한층 부드럽고 다채로운 맛을 표현할 수 있다.
풍미를 위해 첨가한 파프리카 가루는 생략해도 무방하며, 토마토 페이스트는 토마토 퓌레보다 농도가 진하기 때문에 더 꾸덕한 질감의 소스를 만들 수 있다. 새우를 손질할 때 머리 부분만 따로 모아 두었다가 바삭하게 굽고 블렌더로 곱게 갈아 소스에 첨가하면 감칠맛과 풍미를 한층 더 끌어올릴 수 있으니 참고하자.

8

SZECHUAN STYLE CHICKEN LINGUINE

마라 치킨 링귀네

PASTA TYPE

INGREDIENT

링귀네 80g
닭고기(닭가슴살 또는 뼈를 제거한 후 손질한 생닭) 100g
대파 1대
느타리버섯 3개
마늘 2쪽
파프리카 ½개
양파 ¼개
생강 15g
포도씨유 4큰술
산초홀 또는 산초가루 1큰술
캐슈넛 1줌
면수용 소금 1큰술
후추 약간

소스

식초 2큰술
맛술 2큰술
진간장 1½큰술
두반장 1½큰술
설탕 1큰술
물 1큰술

PREP

1 소금으로 간한 끓는 물에 링귀네를 넣고 삶는다. 포장지에 적힌 시간보다 2분 먼저 건져 내 볼에 담고 포도씨유 2큰술을 뿌려 섞어 둔다.
2 파프리카와 대파의 흰색 부분은 2cm 길이로 길게 썰고, 버섯은 한입 크기로 찢는다.
3 양파는 채 썰거나 깍둑썰고 마늘과 생강은 잘게 채 썬다.
4 대파의 초록색 부분은 잘게 다져 가니시용으로 따로 둔다.
5 소스 재료들은 잘 섞은 뒤 ⅓ 분량은 닭고기에 발라 밑간하고, 나머지는 소스 그릇에 덜어 둔다.

TO COOK

1 달군 팬에 포도씨유 2큰술을 두르고 길게 썬 대파와 생강, 마늘, 양파를 넣고 중간 불에서 볶는다.

2 산초홀을 넣어 향을 내며 볶다가 채소들을 한쪽에 밀어 두고, 양념한 닭고기를 팬의 남은 한쪽에 올려 앞뒤로 뒤집어 가며 골고루 익힌다.

↳ 하나의 팬에 여러 가지 재료를 볶는 것이 익숙하지 않다면, 팬을 두 개 쓰거나 먼저 조리한 재료를 접시에 덜어 두었다가 섞으면 된다.

3 닭고기가 완전히 익으면 버섯과 파프리카, 캐슈넛을 넣고 볶는다.

4 소스와 면을 넣고 손목의 스냅으로 팬을 힘차게 돌려가며 재료들을 골고루 섞는다.

5 불을 끄고 접시에 옮겨 담은 뒤 가니시용 대파와 후추를 뿌려 마무리한다.

한반도를 휩쓴 마라 열풍은 쉽사리 식지 않고 점점 더 그 인기를 더해 가고 있다. 매운맛을 잘 다루는 중국 사천 지방의 향신료인 마라는 혀끝에 일시적인 마비를 일으킬 만큼 자극적이지만, 캡사이신처럼 매운맛이 오래가진 않는다.

마라 향신료에 포함된 산초홀과 두반장으로 사천식을 흉내 내 본 레시피이다. 산초홀은 잘게 갈수록 향이 강하게 올라오므로 참고한다.

닭을 새우로 대체하거나, 채소만을 듬뿍 넣어 비건 파스타로도 완성할 수 있고, 청경채나 당근, 애호박 등 다양한 채소를 넣어 조리하면 여럿이 나눠 먹는 근사한 파티 메뉴로도 안성맞춤이다.

사천식 파스타에 걸맞게 포크 대신 젓가락을 들고 시원한 맥주를 곁들여 보자.

WINTER PASTA

CHAPTER. 4

겨울의 파스타

1

SALTED POLLACK ROE SPAGHETTI

명란 스파게티

PASTA TYPE

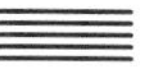

INGREDIENT

스파게티 100g
저염 백명란 3개
마늘 2쪽
달걀노른자 1개
쪽파 2~3대
감태 1장(구운 김으로 대체 가능)
올리브유 5큰술
마요네즈 ½큰술
면수 1국자(55ml)
면수용 소금 1큰술
후추 약간

PREP

1 소금으로 간한 끓는 물에 스파게티를 넣고 삶는다. 포장지에 적힌 시간보다 2분 먼저 건져 내 볼에 담고 올리브유 2큰술을 뿌려 섞어 둔다.

2 쪽파는 씻어 물기를 제거한 후 잘게 다진다. 마늘은 다지거나 편으로 썬다.

3 명란은 손바닥에 올려 놓고 가위로 반을 자른 뒤 도마에 올려 펼친다. 숟가락으로 알만 긁어내 껍질과 분리한 뒤 1큰술은 볼에 담고 나머지는 가니시용으로 따로 둔다.

4 명란이 담긴 볼에 달걀노른자, 다진 쪽파 1큰술, 마요네즈 ½큰술, 올리브유 1큰술, 후추를 넣고 골고루 섞어 명란소스를 만든다.

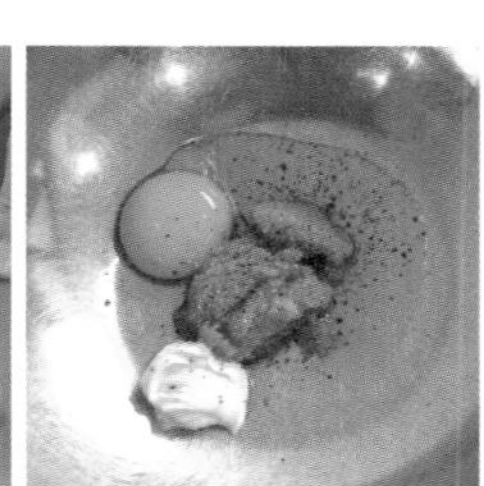

TO COOK

1 달군 팬에 올리브유 1큰술을 두르고 마늘을 넣어 노릇하게 굽는다.

2 면수와 스파게티를 넣고 수분을 날려 가며 마늘 기름이 배도록 잘 섞으며 볶는다.

3 면이 촉촉한 상태로 불을 끈 뒤 명란소스가 담긴 볼에 옮겨 담는다.

4 파스타 집게로 명란소스와 면을 골고루 섞은 뒤 접시에 옮겨 담는다.

5 가니시용 명란과 쪽파, 감태를 올리고 올리브유 1큰술을 뿌려 마무리한다.

아주 오래전 도쿄 여행길에 우연히 들른 레스토랑에서 명란 파스타를 주문했었다. 그때의 맛은 오랜 시간이 지나서도 종종 떠올리게 되는 추억의 한 꼭지로 남아 있다. 그렇게 여행에서 돌아와서도 쉽게 잊히지 않는 기억으로 만들어 본 명란 파스타 레시피를 공개한다.

달걀노른자로 면을 코팅해 촉촉함을 살리고 마요네즈는 윤활제 역할을 하며, 다진 쪽파로 명란의 비린 맛을 적절하게 잡았다. 감태는 이 모든 것을 완전하게 해 줄 최고의 마무리 재료다. 명란을 익히지 않는 것이 핵심이며 마지막에 가니시로 올린 명란은 플레이팅의 목적도 있지만, 맥주와 함께할 때 안주로 집어 먹는 용도이기도 하다.

강조하건대, 이 명란 파스타는 반드시 맥주와 먹기를 권한다.

SCALLOP CONCHIGLIE

가리비 콘킬리에

PASTA TYPE

INGREDIENT

콘킬리에 70g
가리비 7~8개
마늘 2쪽
이탈리안 파슬리 10g
레몬 ½개
화이트와인 100ml
간 파르미지아노 레지아노 치즈 2큰술
버터 1큰술
올리브유 4큰술
면수용 소금 1큰술
소금 약간
후추 약간

PREP

1 소금으로 간한 끓는 물에 콘킬리에를 넣고 삶는다. 포장지에 적힌 시간보다 2분 먼저 건져 내 볼에 담고 올리브유 2큰술을 뿌려 섞어 둔다.

2 가리비는 전용 솔이나 칫솔로 문질러 껍질에 붙은 불순물을 제거한다.

3 마늘은 다지거나 편으로 썰고, 이탈리안 파슬리도 다진다.

TO COOK

1 달군 팬에 올리브유 1큰술과 버터를 두르고 마늘을 넣어 볶는다.

2 마늘이 노릇하게 익으면 가리비와 이탈리안 파슬리, 후추를 넣는다.

3 화이트와인을 붓고 센 불에서 알코올을 살짝 날린 뒤 뚜껑을 덮고 가리비가 입을 벌릴 때까지 중약불로 둔다.

4 가리비가 전부 입을 벌리면 뚜껑을 열고 콘킬리에를 넣는다.

5 레몬 ¼개를 짜 즙을 만들어 넣은 뒤 파르미지아노 레지아노 치즈 1큰술을 넣고 골고루 섞는다.

6 접시에 옮겨 담고 파르미지아노 레지아노 치즈 1큰술과 이탈리안 파슬리를 뿌린다. 레몬 ¼개 분량의 껍질을 그레이터로 갈아 뿌리고 올리브유 1큰술을 둘러 마무리한다.

자, 파스타 책을 펼친 우리 모두 화이트와인과 버터, 허브, 레몬의 조합을 공식처럼 기억할 필요가 있다. 이 조합은 오일 베이스의 해산물 파스타와 만났을 때 가장 빛을 발한다. 이 공식 같은 조합과 조개 육수가 한데 어우러져 진하되 자극적이지 않고 부드러운 풍미를 끌어낸다. 취향에 따라 페퍼론치노 2~3개를 곁들여 약간의 칼칼함을 더해도 좋다.
이때 레몬은 반드시 마무리 단계에 넣어야 쓴맛이 없음을 잊지 말자.
먹고 남은 육수에 빵을 듬뿍 찍어 먹는다면 이보다 더 완벽한 마무리가 또 있을까!

3

AMATRICIANA BUCATINI
아마트리치아나 부카티니

PASTA TYPE

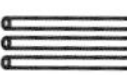

INGREDIENT

부카티니 160g(2인분)
관찰레 5개(베이컨 3장)
토마토 퓌레 300g
마늘 2쪽
페퍼론치노 2개
양파 ½개
간 페코리노 치즈 2큰술
(파르미지아노 레지아노,
그라나 파다노 치즈로 대체 가능)
이탈리안 파슬리 10g
올리브유 4큰술
면수 1큰술
면수용 소금 1큰술
후추 약간

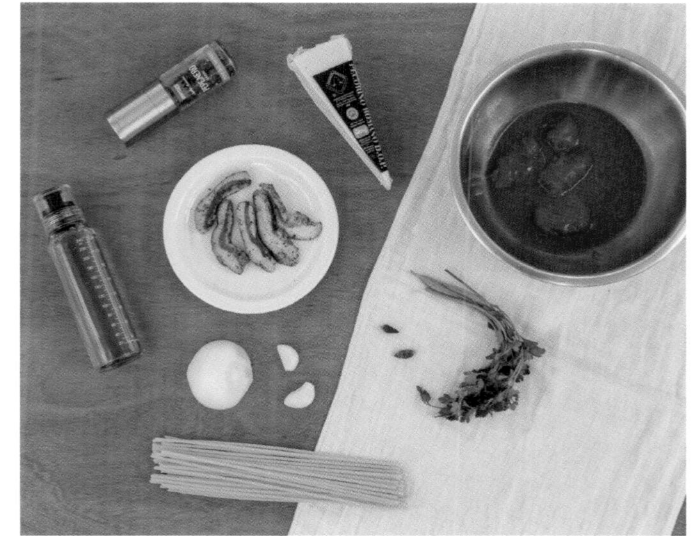

PREP

1 소금으로 간한 끓는 물에 부카티니를 넣어 삶는다. 포장지에 적힌 시간보다 2분 먼저 건져 내 볼에 담고 올리브유 2큰술을 뿌려 섞어 둔다.

2 관찰레는 1cm 간격으로 썰고 양파와 마늘은 다진다.

3 이탈리안 파슬리는 줄기와 잎을 분리해 다진다. 다진 줄기는 재료를 볶을 때 넣고, 다진 잎은 가니시용으로 둔다.

4 토마토 퓌레는 가위로 썰거나 칼로 잘게 다지고, 없으면 방울토마토로 대체한다.

TO COOK

1 달군 팬에 관찰레를 넣고 약한 불에서 익힌다.

2 관찰레가 익으면 팬 한쪽 면에 밀어 둔다. 다른 한쪽 면에 올리브유 1큰술을 살짝 두르고 양파와 마늘을 넣은 뒤 소금과 후추로 간하여 볶는다.

↳ 이처럼 익는 속도가 다른 재료를 한 팬에 볶을 때는 재료가 섞이지 않게 따로 볶다가 나중에 섞는다.

3 양파가 투명해지면 다진 파슬리 줄기와 페퍼론치노를 부숴 넣고 잘 섞는다.

4 토마토 퓌레를 넣은 뒤 뚜껑을 덮고 약한 불에서 약 5분간 뭉근하게 끓인다.

5 뚜껑을 열고 부카티니를 넣은 뒤 면에 소스가 충분히 스며들도록 약한 불에서 1분간 자작하게 끓인다.

6 간 페코리노 치즈 1큰술을 뿌리고 뻑뻑하다면 면수나 올리브유를 더해 농도를 조절한다.

7 접시에 옮겨 담고 가니시용 이탈리안 파슬리와 후추, 간 페코리노 치즈 1큰술을 올려 마무리한다.

아마트리치아나는 카르보나라와 함께 로마를 대표하는 파스타 중 하나로, 돼지의 턱살 부위로 만든 관찰레를 주로 사용한다. 면 중앙에 구멍이 뚫린 부카티니는 소스를 잘 흡수하기 때문에 아마트리치아나 파스타와 잘 어울리지만, 스파게티 이상의 굵기라면 어떤 면이라도 좋다.
자작한 토마토소스와 함께 관찰레를 씹으면 잘 구워진 돼지기름의 풍미가 입안에서 춤을 추듯 톡 하고 강하게 퍼지는데, 베이컨과는 완전히 다른 맛과 식감이다. 꼬릿하고 진한 풍미를 자랑하는 페코리노 치즈와 알싸한 페퍼론치노, 후추를 더해 완성한다면 앉은 자리에서 레드와인 한 병을 다 비워도 책임질 수 없다.

4

OYSTER SEAWEED FULVESCENS SPAGHETTI

굴 매생이 스파게티

PASTA TYPE

INGREDIENT

스파게티 80g
매생이 30g
생굴 8~10개
페페론치노 3개
마늘 2쪽
대파 1대
올리브유 5큰술
피시소스 1큰술
(참치액젓, 까나리액젓으로 대체 가능)
세척용 굵은 소금 ½큰술
면수용 소금 1큰술
소금 약간
후추 약간

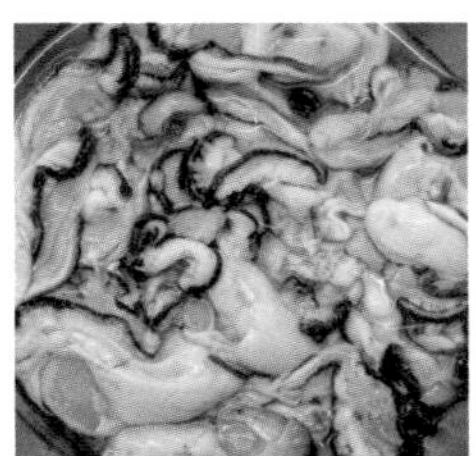

PREP

1 소금으로 간한 끓는 물에 스파게티를 넣고 삶는다. 포장지에 적힌 시간보다 2분 먼저 건져 내 볼에 담고 올리브유 2큰술을 뿌려 섞어 둔다.

2 볼에 찬물과 굵은 소금을 넣고 굴을 담아 손으로 부드럽게 흔들어 가며 여러 번 헹군 뒤 체에 밭쳐 물기를 제거한다.

3 매생이도 같은 방법으로 소금 없이 헹군 뒤 체에 밭쳐 물기를 제거한다.

4 대파는 잘게 송송 썰고 마늘과 페페론치노는 다진다.

TO COOK

1 달군 팬에 올리브유 2큰술을 두르고 대파와 마늘을 중간 불에서 볶아 향을 낸다. 가니시용 다진 대파는 따로 둔다.

2 시간차를 두고 페퍼론치노를 넣은 뒤 굴을 넣어 중약불에서 익힌다. 이때 익히는 시간은 5분을 넘지 않도록 한다.

3 매생이와 피시소스, 스파게티를 넣고 파스타 집게로 매생이를 잘 풀어 주며 수분을 날려 골고루 섞어 약 2분간 더 익힌다.

4 접시에 옮겨 담고 가니시용 대파와 여분의 올리브유 1큰술, 후추를 뿌려 마무리한다.

굴은 그 자체로도 훌륭한 요리임이 틀림없다. 그런 굴로 파스타까지 해 먹는다면 나와 같은 '굴 성애자' 입장에선 환영할 만한 일이 아닐까. 심지어 바다를 품은 매생이도 함께한다면 그 맛은 어찌 다 설명할까? 가장 중요한 것은 재료의 신선도다.
싱싱한 굴과 매생이를 불에 짧게 조리하는 것이 핵심이며 두 재료에서 나온 수분과 향이 소스에 자작하게 밸 때까지 팬에서 잘 볶아 주면 된다. 굴을 볶는 과정에서 화이트와인을 살짝 넣으면 풍미를 끌어올릴 수 있고, 대파는 잡내를 잡아 주는 역할뿐만 아니라 맛의 밸런스를 맞춘다.

5

CORN POHANG SPINACH TAGLIATELLE

콘 포항초 탈리아텔레

PASTA TYPE

INGREDIENT

탈리아텔레 70g
포항초 100g
마늘 2쪽
진공 포장된 시판 초당옥수수 1개*
레몬 1개
양파 ½개
간 그라나 파다노 치즈 2큰술
생크림 100ml
올리브유 5큰술
버터 1큰술
화이트와인 비네거 1큰술
면수용 소금 1큰술
소금 약간
후추 약간

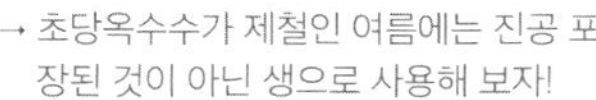
↳ 초당옥수수가 제철인 여름에는 진공 포장된 것이 아닌 생으로 사용해 보자!

PREP

1 소금으로 간한 끓는 물에 탈리아텔레를 넣고 삶는다. 포장지에 적힌 시간보다 2분 먼저 건져 내 볼에 담고 올리브유 2큰술을 뿌려 섞어 둔다.

2 포항초는 깨끗이 씻고 뿌리 부분을 잘라 내 손질한 뒤 소금으로 간한 끓는 물에 넣어 20초간 데친 후 찬물에 헹궈 물기를 털어 낸다.

3 초당옥수수는 세로로 잘라 알갱이만 발라 둔다.

4 마늘과 양파는 잘게 다진다.

TO COOK

1 볼에 데친 포항초, 그레이터로 간 마늘, 화이트와인 비네거, 올리브유 1큰술, 소금, 후추를 넣고 레몬 껍질을 그레이터로 갈아 뿌린 뒤 손으로 골고루 섞어 양념한다.

2 달군 팬에 올리브유 1큰술과 버터를 두르고 양파와 마늘을 넣어 약한 불에서 익힌다.

3 양파가 투명해지면 옥수수와 소금, 후추를 넣고 골고루 섞는다.

4 생크림과 간 그라나 파다노 치즈 1큰술을 넣고 약한 불에서 5분간 뭉근하게 끓인다.

5 팬의 재료를 모두 볼에 담고 블렌더로 곱게 갈아 퓌레 형태의 소스를 만든 뒤 다시 팬에 넣어 탈리아텔레와 함께 잘 섞는다.

6 접시에 옮겨 담고 양념한 포항초를 올린 뒤 여분의 그라나 파다노 치즈 또는 얇게 슬라이스한 치즈 조각을 올리고 올리브유, 레몬 제스트, 후추를 뿌려 마무리한다.

포항 바다의 기운을 머금고 자라 일반 시금치보다 맛과 영양이 풍부한 포항초는 제철인 겨울이면 빼놓지 않고 먹으라고 권할 만큼 맛이 좋다. 상큼함이 살아 있는 진초록 빛깔의 포항초와 부드럽고 달콤한 초당옥수수는 서로를 방해하지 않고 개성 있게 각자의 진면목을 뽐낸다.

레시피처럼 소스를 곱게 갈아 퓌레로 만들면 초당옥수수의 달콤한 맛을 면에 더욱 밀착시킬 수 있고, 갈지 않고 그대로 조리하면 톡톡 터지는 알갱이의 식감을 살릴 수 있으니, 취향에 맞게 선택해 조리한다. 이때 포항초는 짧게 데치고 양념해 샐러드처럼 가니시하는 것이 포인트. 완성 후 칠리 플레이크나 페퍼론치노 가루 1자밤을 뿌려 함께 먹어도 잘 어울린다.

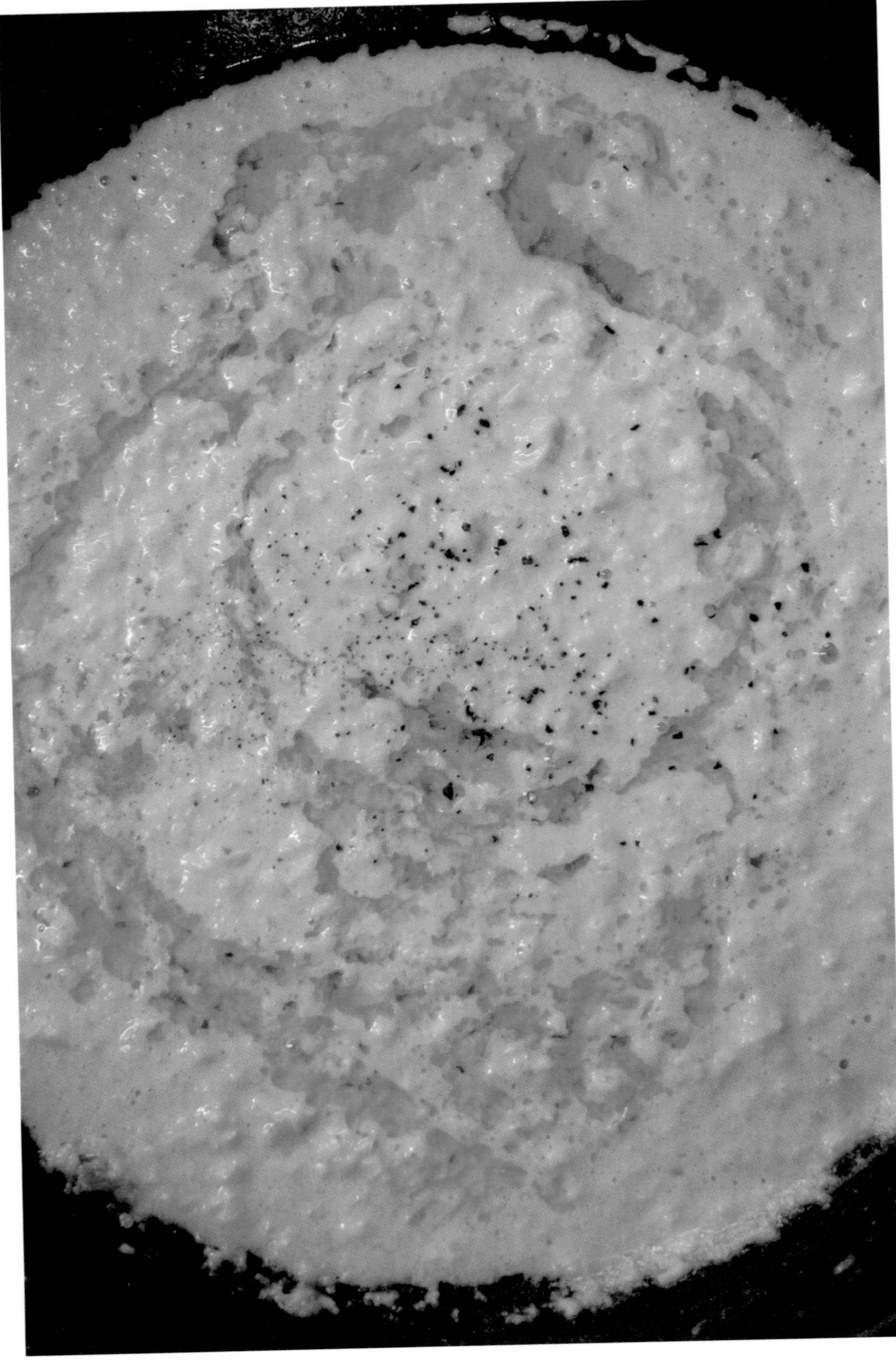

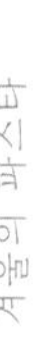
겨울의 파스타

6

ALFREDO TRIPOLINE
알프레도 트리폴리네

PASTA TYPE

INGREDIENT

트리폴리네 90g
양송이버섯 3~4개
베이컨 2장
마늘 2쪽
파프리카 ¼개
양파 ¼개
브로콜리 3송이
간 파르미지아노 레지아노 치즈 2큰술
이탈리안 파슬리 10g
생크림 200ml
올리브유 4큰술
면수용 소금 1큰술
소금 약간
후추 약간

PREP

1 소금으로 간한 끓는 물에 트리폴리네를 넣고 삶는다. 포장지에 적힌 시간보다 2분 먼저 건져 내 볼에 담고 올리브유 2큰술을 뿌려 섞어 둔다.

2 베이컨은 1cm 간격으로 썰고 양송이버섯은 슬라이스한다. 파프리카와 양파, 마늘, 이탈리안 파슬리잎은 잘게 다진다.

3 브로콜리는 끓는 물에 30초간 데치고 한입 크기로 자른다.

TO COOK

1 달군 팬에 올리브유 2큰술을 두른 뒤 양파와 마늘을 넣고 볶는다.

2 양파가 투명해지면 팬의 한쪽 면으로 밀어 두고, 다른 한쪽 면에 버섯을 올려 소금과 후추로 간한 뒤 볶는다.

3 베이컨과 파프리카, 브로콜리를 순서대로 넣어 볶는다.

4 생크림을 붓고 약한 불에서 3분간 뭉근하게 끓이다가 트리폴리네를 넣고 파르미지아노 레지아노 치즈 1큰술을 뿌려 골고루 섞는다.

5 면과 소스가 꾸덕꾸덕하게 될 때까지 잘 섞다가 소금과 후추로 간하고 이탈리안 파슬리를 넣는다.

6 접시에 옮겨 담고 간 파르미지아노 레지아노 치즈 1큰술을 뿌려 마무리한다.

'알프레도'는 파스타에 주로 쓰이는 이탈리아의 치즈소스로, 버터와 치즈를 듬뿍 넣고 만든 크림 베이스의 소스를 뜻한다.
해산물과 닭고기 같은 메인 재료에 알프레도 소스를 섞어 파스타를 만드는데, 이때 걸쭉한 소스가 잘 묻어나도록 넓은 파스타 면을 주로 사용한다. 여기서는 버터를 생략한 대신 치즈를 좀 더 넣었다. 베이컨은 소량만 넣어 풍미만 더하고 채소에 집중했다.
소스가 면에 완전히 밀착된 농도로 조리해 마지막 한입까지 고소함을 맛볼 수 있다. 각자의 취향에 따라 버터를 추가하고, 생크림과 치즈의 양을 조절해서 나만의 알프레도 소스를 만들어 보자.

7

RAGU TAGLIATELLE
라구 탈리아텔레

PASTA TYPE

INGREDIENT

탈리아텔레 80g
면수용 소금 1큰술

라구소스(4인분)
소고기(다짐육) 300g
돼지고기(다짐육) 300g
셀러리 1대
마늘 4~5쪽
양파 1개
당근 ½개
토마토 퓌레 200g
간 파르미지아노 레지아노 치즈 4큰술
(그라나 파다노 치즈로 대체 가능)
이탈리안 파슬리 10g
화이트와인 100ml
우유 40ml
올리브유 7큰술
버터 3큰술
토마토 페이스트 1큰술
육두구(넛맥) 파우더 ½작은술
면수 약간
소금 약간
후추 약간

PREP

1 소금으로 간한 끓는 물에 탈리아텔레를 넣어 삶는다. 포장지에 적힌 시간보다 2분 먼저 건져 내 볼에 담고 올리브유 2큰술을 뿌려 섞어 둔다.

2 소고기와 돼지고기는 반드시 해동된 상태로 준비한다.

3 셀러리와 양파, 당근은 최대한 잘게 다지고, 마늘, 이탈리안 파슬리도 다진다.

4 토마토 퓌레는 시판용 통조림 캔을 사용하고, 가위로 잘게 잘라 둔다.

TO COOK

1 달군 팬에 올리브유 2큰술을 두르고 소고기, 돼지고기를 넣은 뒤 육두구 파우더를 뿌려 중간 불에서 수분을 날리며 볶는다.

2 고기가 완전히 익으면 올리브유 2큰술과 셀러리, 양파, 당근, 마늘을 넣고 소금과 후추로 간하여 볶는다.

3 양파가 투명해지면 화이트와인과 버터를 넣고 볶다가 토마토 퓌레와 토마토 페이스트를 넣고 골고루 섞는다.

4 뚜껑을 덮고 약한 불에서 1시간~1시간 30분간 뭉근하게 끓인다.

5 뚜껑을 열어 우유와 간 파르미지아노 레지아노 치즈 3큰술, 이탈리안 파슬리를 넣고 잘 섞은 뒤 10분간 더 끓인다. 부족한 간은 소금과 후추, 치즈로 더한다.

6 탈리아텔레와 면수를 약간 넣고 골고루 섞어 소스가 면에 잘 배도록 한다.

└→ 삶아 둔 면에 소스를 바로 끼얹어 내기도 한다.

7 접시에 옮겨 담고 올리브유 1큰술과 다진 이탈리안 파슬리, 후추, 여분의 파르미지아노 레지아노 치즈를 뿌려 마무리한다.

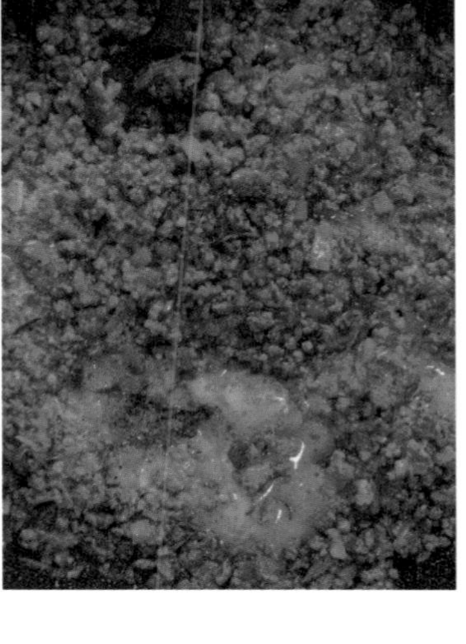

라구소스는 다짐육에 셀러리와 양파, 당근, 마늘 등의 채소를 넣고 토마토소스와 와인으로 오래 뭉근하게 끓이는 소스다.
몇 해 전 볼로냐로 여행을 갔을 때 볼로냐식 홈메이드 파스타를 현지인에게 직접 배울 기회가 있었다. 나의 라구소스 레시피 확인도 할 겸, 로컬 부엌에서 만드는 파스타를 직접 경험하고 싶었다. 볼로냐식은 우리가 알고 있는 라구 파스타와 비교해 확실히 묵직했다.
여행을 다녀와서 내 라구소스에 달라진 것이 있다면 공식처럼 알고 있던 '화이트와인=해산물'에서 벗어나 고기 요리에도 화이트와인을 자유롭게 활용하게 된 것이다. 이때 토마토 퓌레와 토마토 페이스트는 소량만 넣어 소스가 파스타 면에 더 흡수되게 하고, 부드러운 맛을 위해 약간의 우유를 조리 말미에 넣는다.
뭉근하게 오래 끓일수록 깊은 맛이 나지만, 최대 한 시간 조리를 기본으로 하고 데울 때마다 낮은 온도에서 추가로 끓이길 추천한다.

겨울의 파스타

8

CHEESE POTATO GNOCCHI

치즈 감자 뇨키

PASTA TYPE

INGREDIENT

중력분 또는 강력분 밀가루 100g
감자 2개
달걀 1개
레몬 1개
마늘 1쪽
양파 ¼개
로즈메리 1줌
세이지 1줌
간 파르미지아노 레지아노 치즈 3큰술
화이트와인 30ml
버터 2큰술
올리브유 4큰술
면수 1큰술
소금 약간
후추 약간

└→ 로즈메리와 세이지는 타임이나 드라이 허브로 대체 가능하다.

PREP

1 감자는 삶고, 양파와 마늘은 잘게 다진다.

2 로즈메리는 잎만 떼어 내 잘게 다진다. 세이지도 잎만 사용한다.

TO COOK

1 도마에 뜨거운 상태의 감자를 놓고 껍질을 벗긴 뒤 포크로 으깬다.

2 으깬 감자 위에 달걀을 깨트려 올리고 소금 ¼큰술을 넣은 뒤 포크로 잘 섞는다.

3 다진 로즈메리, 버터 1큰술, 간 파르미지아노 레지아노 치즈 1큰술을 올리고 밀가루를 섞어가며 손으로 잘 치대 부드러운 반죽을 만든다.

4 동그랗게 만든 반죽을 랩으로 싼 뒤 냉장고에 넣어 30분간 휴지시킨다.

5 반죽을 칼로 4등분한 뒤 각각을 길게 밀어 두께 2cm로 자른다.

6 뇨키 틀이나 포크로 반죽을 살짝 찍어 모양을 내 소스가 더 잘 배게 만든다.

7 끓는 물에 뇨키 반죽을 넣고 위로 떠오르면 바로 건져 내 올리브유 2큰술을 뿌려 섞어 둔다.

8 달군 팬에 올리브유 1큰술과 버터 1큰술을 두르고 양파와 마늘을 넣어 약한 불에서 볶는다.

9 양파가 투명해지면 화이트와인과 면수, 뇨키, 세이지잎을 넣어 골고루 섞는다.

10 소금과 후추로 간하고 간 파르미지아노 레지아노 치즈 2큰술과 올리브유 1큰술을 뿌린다. 레몬 1개 분량의 껍질을 그레이터로 갈아 솔솔 뿌려 마무리한다.

뇨키는 감자나 호박, 밀가루 반죽으로 빚는 이탈리아 스타일 수제비로, 형태만 비슷할 뿐 한국의 수제비처럼 쫄깃한 식감이 아니라 부드러운 식감이 특징이다.
소스는 오일, 토마토, 크림 베이스 모두 구애 없이 만들 수 있다. 눅진한 크림소스를 즐기고 싶다면 양파와 마늘을 볶은 다음 화이트와인을 넣는 단계에서 생크림을 100~150ml를 부은 뒤 블루치즈와 파르미지아노 레지아노 치즈를 넣고 약한 불에서 뭉근하게 끓이면 된다. 추운 겨울에 빵을 곁들여 소스를 바닥까지 싹싹 닦아 먹으면 몸도 마음도 말랑해지는 기분이 든다.

파스타 마스터 클래스

'제리코 레시피'의 매일 먹고 싶은 사계절 홈파스타

1판 1쇄 펴냄 2020년 5월 29일
1판 12쇄 펴냄 2023년 1월 15일

지은이 백지혜
사진 김보령

편집 김지향 정예슬
교정교열 윤혜민
디자인 onmypaper
미술 김낙훈 한나은 이민지 이미화
마케팅 정대용 허진호 김채훈 홍수현 이지원 이지혜 이호정
홍보 이시윤 윤영우
저작권 남유선 김다정 송지영
제작 임지헌 김한수 임수아
관리 박경희 김도희 김지현

펴낸이 박상준
펴낸곳 세미콜론
출판등록 1997. 3. 24. (제16-1444호)
06027 서울특별시 강남구 도산대로1길 62

대표전화 515-2000 팩시밀리 515-2007
편집부 517-4263 팩시밀리 515-2329

ISBN 979-11-90403-64-1 13590

세미콜론은 민음사 출판그룹의
만화 · 예술 · 라이프스타일 브랜드입니다.
www.semicolon.co.kr

트위터 semicolon_books
인스타그램 semicolon.books
페이스북 SemicolonBooks
유튜브 세미콜론TV